科学の岸辺

山本明歩
Yamamoto Akiho

ふくろう出版

はじめに

はるか昔の石器時代、われわれの祖先は自分で使う道具を自分で作っていました。しかし現在われわれは使っている道具のことを何も理解していません。スマートフォンや車など、日常の生活の中で使用している道具を、われわれは作ることも直すこともできません。ましてや、そこで使用されている様々な素材がどのようなものなのか、あるいはコンピューターを作動させるメカニズムや、暗号化技術がどのようなものなのかを理解することもできません。そしてもちろんのこと、その背後にある物理学、化学、電子工学などの理論も把握しているわけではありません。

実際のところ、現代科学は非常に発達してしまいました。かつては知の巨匠とみなされていたソクラテスやアルキメデス、アリストテレスといった優れた知性で名を馳せた歴史上の人物でも、現代にタイムスリップしたら、現代の発達した哲学、技術、数学などには目を回すしかないでしょう。現代社会では、もはや大学卒業で得られる知識程度では、科学の最先端をゆく議論に加わることもできないほどです。小学校、中学校、高校、大学と、しめて十六年間も、「なんでこんなことを勉強しなければいけないの？」「これを学んで、将来何の役に立つの？」と自問しながら、あるいは先生や周りの大人に問いかけながら、われわれはとにかく勉強を続け、それでも本当に面白い議論に触れることは困難なのです。

まったく、嫌になってしまいますよね。

「これを勉強すれば、こんなことの役に立つんだ」ということがわかれば、もう少し勉強の励みにもなると思うのですが、残念ながらそこまで理解して勉強している人はほとんどいないのではないかと思います。

数学で「行列」を習い始めた時には、それが将来「テンソル」について学ぶ上で重要なツールになることを知りませんし、ましてやテンソルが物理学やコンピューター・プログラミングにおいて重要な道具になることなど知る由もないでしょう。そんな状態で勉強を十六年間も続けていたら、飽きてしまうのは当然ではないかと思えるのです。

おそらくそんな問題意識から、最近では「科学」を使った様々な面白い実験がテレビ番組や本などで紹介されています。しかし、それはそれで面白いのですが、われわれが学校で学ぶ微積分やエントロピーがどんな意味を持つのか、というようなことはやはりよくわかりません。それどころか、ヒッグス粒子のようになにか誤ったイメージで伝えられているのではないかと首をかしげてしまうものもあります。

現代科学の最先端で活躍する方々は、そんな闇の中でこつこつと勉強を続け、ついに現代科学のフロンティアまでたどり着いた素晴らしい忍耐力の持ち主か、あるいは最初から全てを見通してしまうような素晴らしい知性の持ち主か、おそらくそのどちらかなのでしょう。いや、その両方がないとだめなのかもしれません。

しかし、現実問題として、「その他の大多数」であるわれわれには、そんな我慢強さも洞察力もありません。だから、「こんなことやって何になるんだよ」と不平不満をこぼしながら、「それでもまあ、社会に出ていい仕事が欲しければ、大学を出なければいけないし」と自分を慰めつつ、しかたがないかと勉強しているわけです。

もちろん、図書館にも本屋にも、最先端科学を分かりやすく解説してくれる本はたくさんあります。われわれはそれらの素晴らしい本を読んで、最先端の科学に触れることもできるのです。しかし、その本を読んでその内容をしっかりと理解できるかというと、残念ながらそれは無理です。なぜなら、その内容を本当に理解したければ、われわれは小学校から大学まで、いやそれどころか大学院博士課程までの遠大な課程で学ぶ内容を、順を追って理解していかなければならないからです。そう、われわれが「もう、うんざりだ」と言って投げ出してしまった、あの意味のないと思われた勉強をもう一度、一からちゃんとやり直さなければならないのです。

結局のところ、われわれが本当の意味で最先端科学の内容を理解することは非常に困難なのです。ですから、われわれは諦めて、学者がいうことを「ああそうですか」と鵜呑みにすることしかできません。

時々、「それ、なんかおかしいんじゃない？」と思うことがあって、最先端にいる科学者たちに質問する機会も得たとしましょう。それ自体、滅多にない貴重な機会です。しかし、そんな場所で科学者が説明してくれたとしても、われわれにはまず理解できないでしょう。科学者の方もできるだけ分かりやすく説明してくれることでしょうが、どうしてもそこには不正確さや無理が生じます。結局のところ、われわれは理解できないなりに、そうなんだ、と納得するしかないのです。われわれがその内容を理解するためのツールを学んでいないからです。

ましてや、われわれが「それは違うだろう」と声を上げようものなら、途端に「疑似科学」のレッテルを貼られてしまいます。インターネット上の掲示板を見てみれば、そんな例をいくらでも見つけることができるでしょう。そして悲しいかな、「疑似科学」のレッテルを貼られてしまった議論は、確かに理解不十分であったり、そもそも理解すること自体を拒絶してしまっているように思えることが多いのです。

しかし、です。私は一般から寄せられるそれらの声が全て無意味だとは思えません。たしかに、それらの声の９９％、いや、９９・９９％は単なる勘違いで終わるかもしれません。しかし、ごくわずかであっても、非常に有用なアイディアも紛れているのではないかと思えるのです。

本書は、第一章で科学哲学と呼ばれる領域を、そして第二章では宇宙論を扱います。しかし、これはあくまでも非専門家として著したものであり、なおかつ、少なくとも筆者が読んだ「専門家の書いた本」に楯突く内容になっています。筆者は自分に理解できる範囲で疑問に感じていることを書き綴っているのですが、それは専門家からすると簡単に論破できるような内容のものかもしれません、いや、正直なところ、そうであってほしいとすら思っています。ただ、論破されてしまうから意味がないとは思えないのです。勇気を持って現代科学に疑問を抱くといったことが繰り返される中で、やがて磨かれるのを待っているダイヤモンドが発見されるかもしれません。

そのような考えから本書をまとめ、出版させていただくことにしました。いつかどこかで、本書が何かの役に立つことがあるのであれば、筆者にとって本望です。

目次

第一章　科学を考える

そんなものは科学的じゃない！

科学という言葉、誰もが当たり前に使っています。

小学校から大学院まで、教えられる内容の難易度に違いはあったとしても、科学的な研究の積み重ねがわれわれにこれまで示してきた知識の体系を学んでいます。ですから、仮に高校卒業後就職したとしても、小学校から高校まで学校に通うだけで、十二年間という長い間、われわれは科学というものに慣れ親しむことができるわけです。

また、新聞を見れば、毎日何らかの形で科学に関する記事を見つけることができますし、本屋に行けば科学について書かれた本や雑誌を手に取ることができます。「科学」という言葉は誰もが当たり前に使うもの。あまりにも当たり前すぎて、その意味を問いかけることすらばかげたことに思えるかもしれません。

しかし、よく考えてみてください。科学って、何ですか？

例えばＵＦＯ。いわずと知れた未確認飛行物体。実際のところ、ＵＦＯというのは素性のはっきりしない飛行物体のことで、例えば無許可で飛行している民間機などがＵＦＯとなるわけですが、ここでは世間一般で言うＵＦＯ、つまり地球外生命体の乗り物として話を進めましょう。

このＵＦＯ、時折テレビ局が思い出したように特集を組みます。そして、われわれはビール片手に「ばっかじゃねえの」などと言いながら、けっこう喜んで見ていたりするわけです。身に覚えはありませんか？

ところで、なぜいきなりＵＦＯの話を出したかというと、とある番組で、とある教授が、ＵＦＯを信じる人たちを前にして「あんなものはね、非科学的なんだよ。だからあり得ないんだ」とまくし立てていたからなのです。まあ、そう思いたくもなりますよね。その気持ちはわからないでもありません。でも、この主張はどこかおかしくないですか？

「非科学的だからあり得ない」

この主張は論理として破綻しているように思えます。どう破綻しているのか、それこそがこの章で取りあげたい問題点です。

ＵＦＯを心の底から信じている人々がいます。それどころか、ＵＦＯに誘拐されたと主張する人々もいます。彼らはそのことを心の底から信じきっているように見えます。

しかしその一方で、ＵＦＯなどありえないと考える人々は、それ以上に多くいます。少なくとも、ＵＦＯについて語ることは恥ずかしいことだとほとんどの人が感じているのではないかと思えるのです。少なくとも、私はそう感じます。それというのもＵＦＯというのは「科学的ではない」ということになっているからではないでしょうか。

ところが、今日、科学者の多くは公式にＵＦＯの存在を否定していますが、その一方で地球外生命体が存在するだろうという考え方自体に対しては肯定的です。実際、地球外生命体が発するであろう何らかのパターンを持った電波信号を探すために電波天文台が用いられていますし、受信した宇宙の電波を分析して意味のある信号を探し出すＳＥＴＩプログラムのために、数多くの人がインターネット経由で自分のコンピューターを無償で提供しています。

残念ながら現在のところＳＥＴＩはあまり成功していないようで、宇宙から届くさまざまな電波の中に意味のある信号が含まれていたという話は聞きません。それでもこういった、地球外生命体、それも知的で文明を築いている生命体を探し出すプロジェクトは嘲笑の対象ではなく、真剣なプログラムとして受け止められています。つまり、宇宙人という存在自体が「非科学的」だと考えられているわけではないのです。

それでは、われわれは存在しているに違いない宇宙人が地球へやってきているという可能性を、どうして非科学的だと考えるのでしょうか。

ＵＦＯを信じるか、あるいは信じないかの分かれ目は、他の恒星系に知的生命体が存在するかどうかという点にあるのではなく、相対性理論の制約の中で他の恒星系へ旅をすることが可能だと考えるかどうか、そしてそれが現実に起きていると考えるかどうかという点にあるのでしょう。

今日の理論では、一つの恒星系から別の恒星系へ旅するためにはとてつもないエネルギーと時間、そして労力が必要となります。

われわれは既にボイジャーやパイオニアといった探査機を太陽系外へと向けて送り出していますが、その中で最も遠くに到達したボイジャー１号は二〇一四年現在、太陽から１９０億キロのあたりを飛行中のはずです。ボイジャー１号はもちろん無人で７２０キロの重量しかなく、その加速には太陽系の惑星を利用するスイングバイという方法が主に用いられました。つまり、惑星の重力を利用して、燃料を用いずに加速します。こうして速度を増していった結果、ボイジャー１号の太陽に対する速度は秒速１７キロにもなります。

この速度は軌道上でのスペースシャトルの地球に対する速度の二倍以上ですし、月へ行ったアポロ宇宙船よりも速い速度です。しかし、それでも打ち上げから実に四十年近くかけて、ボイジャー１号は最近ようやく太陽系を脱したところだと考えられています。ボイジャー１号は特定の恒星を狙って飛行しているわけではないので、おそらく永遠に宇宙空間をさまようことでしょうが、仮に太陽系から最も近い恒星系を目的地にしていたとしても、ボイジャー１号の速度ではそこまでの距離を克服するために数万年かかるとされています。

映画『アバター』には巨大な恒星間宇宙船が登場しますが、いかに人工冬眠するとはいえ、あのような巨大な宇宙船に人類を乗せて他の恒星系まで往復させるためには気の遠くなるような歳月と経済的支出が必要です。そう考えると、ナヴィと呼ばれる現地の人々を排除してでも、なんとかしてその経費を回収しようとするＲＤＡ社側にも、つらい事情があったのだということは頷けます。

これほどまでにコストのかかる恒星間の旅は、もう考慮する価値もないと思いたくなりますが、もちろん、こういった事を真剣に考えている科学者は大勢います。最近、ＮＡＳＡが恒星間宇宙船のイメージ画像を公表しましたが、これは空間の中を移動することによって宇宙を旅するのではなく、空間自体を縮めたり伸ばしたりしなら宇宙を旅するというコンセプトに基づくものでした。この場合、光速の壁の影響を受けないので、異なる恒星系へ行って帰ってきたら、特殊相対性理論的な時間の遅れにより地球では数百年が経過していたといったことはおこりません。

しかしながら、そもそも自由に望み通りに空間を変形させる方法がわからないという問題点の他に、空間を伸縮させるためには想像を絶するエネルギーが必要になるという課題をクリアーしなければなりませんし、そもそも空間を伸縮させることによって、同時に時間をも伸縮させてしまうのではないかという問題点もあります。せっかく空間を縮めて他の恒星系へと到達しても、同時に時間の経過をも早めてしまい、

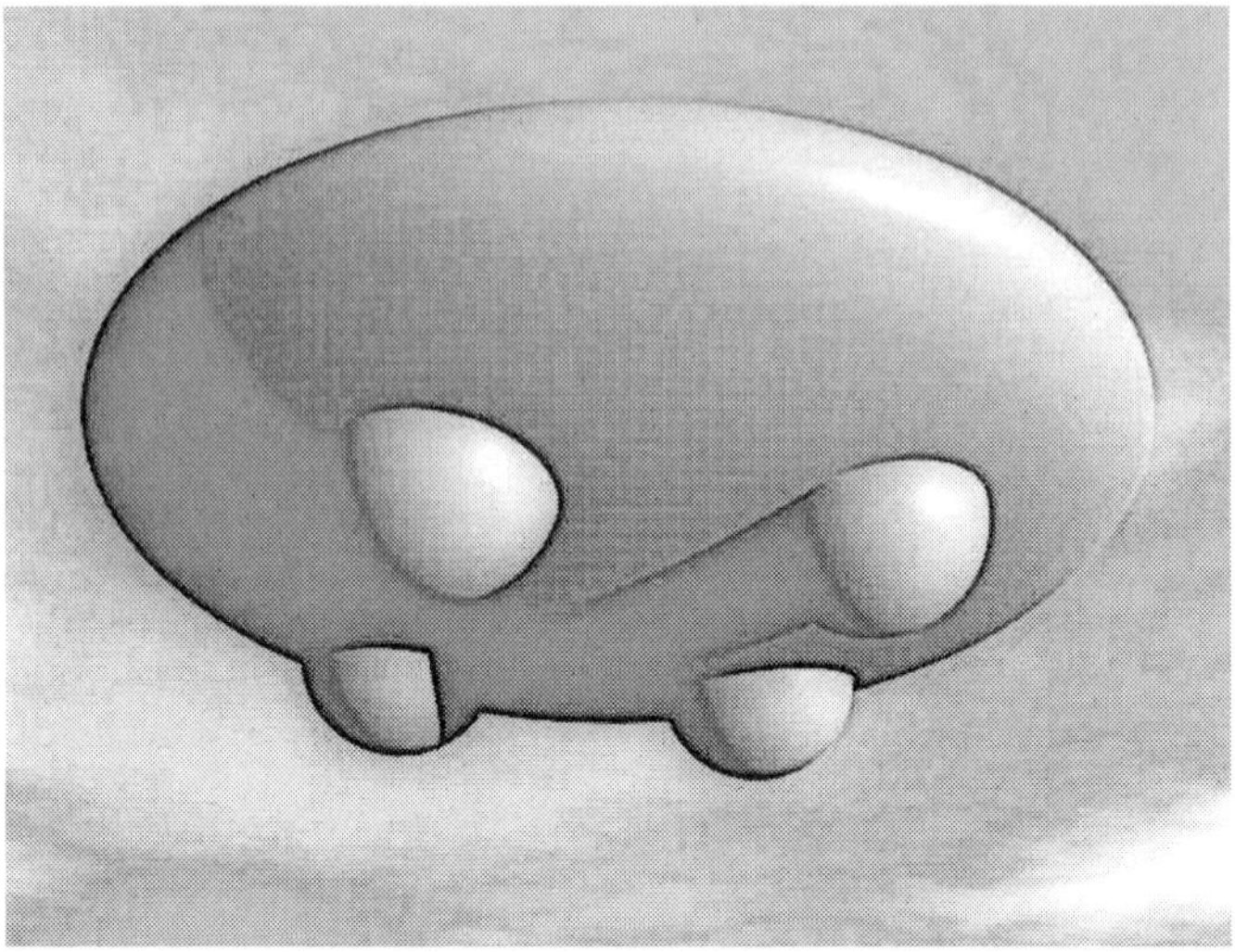

図1－1　UFO出現？

結局のところ外の世界では数千年が経過していたというのでは意味がありません。

まあ、こういった物理的な困難さを棚上げするとしても、ＵＦＯを否定する一つの理由として考えられるのは、それが公式には認められていないということです。どの国の政府にせよ、あるいは学会にせよ、公式に地球外生命体の乗り物という意味でのＵＦＯが実在すると認めているものは（少なくとも私が知る限り）ありません。

もちろん、公式に認められていない真実はいくらでもあるでしょう。しかし、こういう「公式には認められていない真実」にはたいていそれなりの理由があります。

宇宙人が実際に地球にやってきているとして、それが公式に認められていない以上、誰かがそれを秘密にしようとしているということになります。しかし、何のために秘密にしておかなければならないのでしょう。

例えば、地球外生命体が地球にやってきていて、実はアメリカ合衆国政府と密約を交わしてさえいるのに、アメリカ合衆国の政府がそれを秘密にしておこうとしていると主張する人がいます。しかし、そんなことをしてどうなるというのでしょう?

パニックを防ぐ?

しかし、クック船長の帆船を目にした人々は手のつけられないようなパニックを起こしたでしょうか?スペイン人がアメリカ大陸に足を踏み入れた頃、あまりにも見た目が異様であったことから彼らは神だと考えられました。それに比べたら、われわれは宇宙についての知識も持っていますし、見た目がいくら異様でも、知的生命体として受け入れるくらいの度量はあると思います。むしろ、仮に「実際には存在するＵＦＯを存在しないということにしている」とすると、そんなＵＦＯが目の前に現れたら、そのほうがよほどパニックを引き起こすでしょう。

ましてや、人間を誘拐して遺伝子実験の材料にするなど考えにくいことです。技術の発達レベルをひとくくりにして比較はできません。しかし、お隣の火星に有人宇宙船を派遣できていないわれわれですら、遺伝子の分析には真新しい毛髪一本で十分なのです。ましてや恒星間の膨大な距離と、高エネルギー粒子の危険性を乗り越えて旅をしてきた地球外生命体が、なぜ苦労して行き着いた先で、われわれのような知的生命体をこそこそと誘拐しなければならないのでしょうか。

人間と宇宙人の遺伝子をミックスさせる実験を行っているそうですが、仮にそのような実験に意味があるとしても、私だったらチンパンジーを利用することをお勧めします。なんといってもチンパンジーはわれわれとほとんど同じ遺伝子を持っているわけですし、人を一人行方不明にしたり誘拐したりするより、ずっと楽に実行できるでしょう。速い話、地球にやってきた宇宙人は堂々と名乗り出て、「悪いんだけど、動物園用にチンパンジーを数匹提供してもらえるかな」と言えば、それで全てがまるく収まります。どうしても人間でなければいけないと言うのであれば、仕方がありません。爪を切ったときの欠片を私が提供しましょう。

ある種の送信機を人間にしこんで、人間の行動パターンについてのデータを入手するということであれば、まだしも理解はできるのですが、それも人間を誘拐して手術し、体内に送信機を埋め込むよりも、小型の盗聴装置をあちこちに仕掛けた方がよほど効率的かつ安全ではないかと思えます。

途方もない困難を乗り越えてわざわざ地球にまでやってきて、そこでこそこそ行動する宇宙人なんて、どう考えても理解に苦しみますよね。多分、だからこそ、多くの人々はＵＦＯなどありえないと思うわけです。それでもやはり、ＵＦＯを信じる人々は強い信念を持っていて、なかなか折れようとはしません。

そのためかどうかは知りませんが、ＵＦＯを信じる人と信じない人が出会うと、大論争が持ち上がることが多いようです。ＵＦＯを信じる人々は「信じない連中は頭の固い頑固者だ」と思うわけですし、信じない人々は「信じる連中は頭のおかしいオカルトの愛好者だ」くらいに考えています。

こういう相容れない主張を持つ人々をテレビカメラの前で争わせてみたら面白いだろうと放送局の人々が考えるのも自然なことでしょう。そして、ＵＦＯ反対派の科学者たちがテレビ画面の中で、「ＵＦＯなど存在するわけがない。そんなものは科学的じゃないんだ！」と大絶叫することになるわけです。

たしかに、直感的にはこの主張は正当なもののように思えるかもしれません。つまるところ、われわれは空飛ぶ円盤など本気で取り合おうとはしていないのです。しかし、そのためには「科学」がどのようなもので、なぜ「ＵＦＯ」が科学的ではないのかを説明しなければならないのですが、これは大変なことなのです。

二十一世紀の地球を席巻する人類の社会は、科学に裏打ちされた技術によって支えられていますし、その威力は絶大です。科学は人類を空気のように取り巻き、人類の未来をすら支配しているように思えます。しかし、空気の存在を感じ取り、それを他者に説明することが困難なように、「科学」がどのようなものであるか説明することは困難です。

いや、まじめな話、「科学」というものは、いったいどのようなものなのでしょうか。そして、ＵＦＯ否定派が叫んでいた「科学的」というのは、いったいどのようなことを意味しているのでしょうか。

いきなりこのような大きな問題に取り組むのも大変ですから、まずは科学について議論している科学者の考えを確認してみましょう。

グールドの主張

それでは最初に、有名なＳ・Ｊ・グールドにご登場いただきたいと思います。グールドは二十代半ばでコロンビア大学から博士号を授与され、その数年後にはハーヴァード大学の教授になっています。おまけに、よく知られた「断続平衡説」を提唱した一人でもあります。一言で言うならば、エリート街道まっしぐらという学者でした。

グールドにとって、「科学」とはわれわれがいつでも経験できる「事実」と、その「事実」を説明するための知的枠組みである「理論」から構成されているようです。彼の著作を読むと、次のように説明しています。

科学というマジステリウムは、とりわけ自然の事実的な構造の記載、およびその説明の試みによく適した教えの権威であり、もっぱら結果や経験によって有効性が確認される思考方法と観察技術の利用に専念している。

この中で「権威」という部分はまず撤回してもらいたいと思うのです。科学的な理論としての価値が「権威」によって決まるものではありません。もし権威によって科学的であるかどうかが決まるのであれば、ガリレオは文句なしに「非科学的」でした。現在科学と呼ばれているものは、十九世紀から二十世紀にかけてようやく「科学」になってきたのであって、それまでは「非科学」だったということになります。

「科学」が広く受け入れるようになった後にも、例えば大陸移動説がその時代の「権威」たちによって拒絶されたたように、歴史上、「権威」は往々にして過ちを犯しました。さらに、科学史上最も優れた理論の一つに数え上げられる相対性理論が、当時無名だったアインシュタインによって生み出されたことを考えても、優れたアイディアの数々が常に権威によって提示されてきたわけでもありません。

そこで、まことに勝手ながら権威という部分を削除して彼の主張をわかりやすくまとめ直すと、「われわれが日常経験している様々な出来事や、実験によって確認された事実を説明する体系が科学」ということになるのではないかと思います。ちなみに、ＵＦＯの存在は、ほとんどの人が直接確認したわけではありませんし、もちろんＵＦＯの存在を証明する実験などというものもありませんから、ものの見事に科学の範疇から放り出されてしまうわけです。

このような「科学」に対して、「宗教」は道徳や倫理など、それとはまた異なった領域（グールドの考え方に従うのであれば、その有効性を確認したり証明したりすることのできない領域？）を守備範囲としているわけで、科学と宗教はちょうど水と油のように、たがいに相容れない存在だとグールドは主張しています。

しかしこの考え方はおかしくないですか？

どのような宗教においても、（それが今日のわれわれから見ればどんなに稚拙なものであったとしても）この世界がどのようなものであるか、そしてどのようにして創造されたかについて言及しています。

旧約聖書によればこの世界は光の創造から始まって、神が一週間のうちに創造したことになっていますし、古事記では神々が眼下に広がる海を矛でかき回して（なんでそんなことをして遊んでいたのかはこの際問わないことにしましょう）引き揚げると、塩が滴り、最初の陸地が作られたことになっています。エジプト神話はこれに少し似ていなくもないのですが、原初の水がやはり存在し、そこからラーという神が生まれます。そしてラーが大地（ゲブ）や大気（シュー）、天空（ヌト）らを創造したのだそうです。シューはゲブの上に仁王立ちになり、しっかりとヌトを支えています。

これらの神話は、今日われわれの前に広がる世界（大地や大洋、天空など）の生い立ちをそれぞれに説明しようとしています。世界はグールドの考え方を借りるのであれば「自然の事実的な構造」なわけですから、上記の三つの神話は（地球形成を説明する説として信じるかどうかは別として）立派に「科学」だということになります。

ただし、「もっぱら結果や経験によって有効性が確認される思考方法と観察技術」といっているわけですから、経験によって確認されないヤーウェ、それにゲブやシュー、天照大神といった神々にはご退場いただかなければならない、というのがグールドの論旨だと思います。ところが、神々、あるいは霊的な存在を確かに「経験した」と感じている人々も大勢います。霊感、神がかり、トランス状態における精霊との交信、こういった「経験されない」はずの事象も、一部の人々にとってはたしかに現実に存在する、体験しうる出来事なのです。

「うん？　そんな議論ありか？」と思われた方々も、まあ、もう少しお付き合いください。

グールドは旧約聖書の中からこういった自然やその生い立ちに関して説明している領域を切り離し、われわれは聖書の中から道徳や倫理といった「宗教的」なメッセージだけを取り出すべきだと考えていました。

このように両者を分け、相互に不干渉を貫くべきだという考え方を、グールドは「ＮＯＭＡの原理」と呼んでいます。

グールドはユダヤ人の家庭に育っていますが、ユダヤ人の少なくとも一部は、聖書という存在に関して旧来このような見方をしてきたようなのです。聖書はわれわれの日常を支配する道徳、あるいは人生観といったものを考えるためのヒントを与えてくれる、インスピレーションの源泉のようなものとして捉えられており、聖書の中の逸話は一種の寓話とみなされているようです。神は存在しているとしても、ちょうど岩屋に隠れてしまった天照大神のように人間の前に姿を現さず、直接語りかけてもくれません。預言者という、往々にして何を言っているのかよくわからない人々を通じて何かを示唆してくるだけですが、それは、雑音のひどいラジオに一生懸命耳を傾けるようなものです。余談ですが、神の世界と人間の世界が結びつけられているかどうかという点についての解釈の違いが、ユダヤ教とキリスト教の違いの一つになってきます。

キリスト教徒は「イエス・キリスト」という「神であり、また人間でもある」救世主によって「神の世界」と「人間の世界」は結びつけられたと考えるのですが、ユダヤ教徒はキリストを救世主とは認めず、「神の世界」と「人間の世界」は基本的に隔絶したままであると考えているようです。

こう考えてくると、ＮＯＭＡの原理というのは、「神の世界」＝宗教、「人間の世界」＝科学というように置き換えているのではないかと思えますし、実際のところ非常にユダヤ教的な価値体系だといえるでしょう。

もちろん、ユダヤ教的価値観に基づく考え方だから正しいとも、逆に間違っているとも言うことはできません。ここで主張したいのは、いかにグールドが優れた学者であったとしてもＮＯＭＡが「科学的な考察」によって導きだされたと、単純に信じることはよくないということです。グールドもまた、あなたや私と同じように、様々な人間的制約を受けた人だったことを認識し、「グールドが言っているから正しい」であるとか、「グールドの主張だから科学的だ」というような考え方は、たとえそれが半ば無意識的であろうと、そうでなかろうと、すべきではないのです。

ここで議論を整理するために、少し言葉を整理しておきましょう。まず、グールドの言う意味での科学を「科学（グ）」としておきましょう。これは証明できる事柄からだけなる自然界についての記述です。そして同様に、「科学（グ）」と完全に切り離された宗教体系を「宗教（グ）」としておきます。こちらは道徳など、価値体系からなる領域です。

これらの言葉を使って、グールドのＮＯＭＡの原理を書き換えるとこうなるでしょう。

「科学（グ）」と「宗教（グ）」とは相互に不干渉でなければならないし、それゆえ科学界は「科学（グ）」以外の要素を追放しなければならない。

しかし、本章でこれから検討していくように、われわれが「科学」と呼んでいる領域には、「もっぱら結果や経験によって有用性が確認」されているとは思えない領域が含まれています。本書ではその例としてベルクマンの法則を取りあげます。もし、ベルクマンの法則についての私の考え方が正しければ、これは明らかに「科学（グ）」と呼ぶべきではない理論です。そしてまた、宗教はグールドの規定により「科学（グ）」ではなくなりますが、やはり科学が議論すべき内容を多く含んでいると思えるのです。

科学と「科学（グ）」

それでは、科学が本当に「科学（グ）」だけからなるかどうかを検討していきますが、まずは、宗教の中に見られる「科学（グ）」について考えていきましょう。

例えばキリスト教やイスラム教、そしてユダヤ教といった様々な宗教の聖典の中には、明らかに「科学

（グ）」に属するべき議論が含まれています。例えば、神が「光りあれ」と言い、それによって光が生じたという議論は（一部にはこれをビッグバンのことだという人もいるようですが）今日の「科学（グ）」とは対立した一つの説だと見なせます。

同様に、ノアの大洪水が実在したかどうかということも「科学（グ）」が扱うことのできる議論です。バベルの塔が実在したかどうか、そしてそれが神によって破壊されるまでは世界中の人々が同じ言語を話していたのかについても、物理学や考古学、言語学等から議論することができます。そして、残念ながら、今日までに得られた様々な知識を動員して考える限り、どうやらこれらの記述を文字通りの事実として受け入れることは難しいようです。

それならば、様々な宗教の信者に対してこう言い放てば良いのでしょうか？

「残念だね。君たちの聖典に書いてあることはどうやら眉唾のようだよ。まあ、それでも君たちがデタラメな聖典を元にした宗教に固執したいと言うなら邪魔はしないけど、デタラメだということだけは忘れて欲しくないし、科学に首を突っ込むのもやめてもらおうか」

グールドはＮＯＭＡという考え方の中で上手にごまかしてはいますが、実際に彼が言い放っていることは、こういうことです。なぜなら、宗教はもはや「科学（グ）」に参加する権利そのものを失い、その聖典に書かれた「歴史」や「科学」はもはや科学の範疇から完全に追放されているとＮＯＭＡの原理に定められているからです。

つまり、よく考えてみるとＮＯＭＡは無神論者、あるいはユダヤ教的世界観による勝利宣言に他ならず、これらの宗教に含まれる「科学」や「歴史」は、もはや１００％考慮に値しないものであることが証明されたと断言しているものなのです。

しかし、私にはこれが正当な論理であるとは思えません。われわれに言えるのは、聖書等に書かれた出来事を真実として受け入れるためには、相当な無理が必要であるということであって、それは決して、それが不可能であるということではありません。「かなり無理がある」ということと、「不可能である」ということは決して同じことではありません。

様々な宗教が、その起源からわれわれの目の前に広がる経験的な世界を説明しようとし続けてきた以上、これらの宗教はまさに「科学」と呼ばれるべき領域を含んでいます。これはまぎれもない事実です。ところが、真剣に自然と向き合い、そしてそれをあるがままに観察する中で、「現実にある証拠では説明できない、あるいは説明しにくい事柄」が宗教には非常に多く含まれていることをわれわれが思い知らされてきたというのもまた事実です。そして、「それまで宗教が提示していた科学」に代わる新たな説明を求めてきたわけで、それが今日の「科学（グ）」ということになります。

つまり、少なくとも私の考え方では、聖書の中にある「科学」や歴史は、様々な証拠が積み上げられてきた今となっては時代遅れとなってしまった「科学」や歴史なのです。これらの時代遅れとなった「科学」は議論の対象となるべきであって、無視する対象となるべきものではありません。本当に重要なのは、どうしてそれらの議論が退けられたのかということであって、今日有力視されている理論が、宗教に見られる「科学」を退けているということそれ自体ではありません。なぜなら、今日有力視されている理論もまた、将来は退けられてしまう可能性が高いからです。

ですから、「科学（グ）」についてよく考えてみると、それは二十一世紀における学術界の流行に過ぎません。この流行は単なる流行ではなく、現時点で知られている観測事実を最も良く説明している「流行」です。しかし、やがて廃れる可能性が高いという意味では、やはり流行なのです。そして、この「流行」に取り残されているという意味では、ニュートンの万有引力の法則も、宗教に含まれる科学も、何ら変わらないのです。

今、ニュートンが提唱した万有引力の法則が「科学」かと大勢の人々に問いかけてみたとします。どのような答えが帰ってくるでしょうか。これは想像するしかありませんが、おそらく多くの人々は「科学」だと回答するのではないでしょうか。あるいは、グールドもそう答えていたかもしれません。

しかし、相対性理論というより優れた理論を手にしているわれわれは、ニュートンの万有引力が正確な理論ではないことを知っています。よって、万有引力の法則も、「宗教に含まれる科学」も共に「科学（グ）」とはみなせないが、それでも科学の世界から排除される必要はないと私は考えています。これがＮＯＭＡの原理に関して納得のいかない点の一つです。

逆に、もし仮にニュートンの万有引力の法則は科学ではないと言ってしまうのであれば、それはそれでまた問題になります。この場合、科学は「科学（グ）」に限定される事になりますが、今度は「科学（グ）」の範疇が人によって異なるという問題が生じてきます。

万有引力の例を再び考えてみましょう。先ほど言及したように、旧来的なニュートンの法則は既に時代遅れになっています。しかし、それでは現在はどのようなイメージで重力が語られているかと言うと、例えば天文学のような相対性理論のイメージを使って議論する事が多い領域では、重量は空間の歪みであると考えられています。しかし、量子力学のようなミクロの世界を扱う学者たちは、重力を含む力を「粒子のキャッチボール」という見方でとらえます。重力の場合はまだ発見されていないグラビトンと呼ばれる粒子が交換される事で物質の間に力が作用すると考えられています。後者はかなりニュートンのイメージに近いと思うのですが、重力についての最先端とも言えるこの二つのイメージは、明らかに大きく異なっています。

同様の例として、今度は大陸移動説を考えてみましょう。よく知られているように、大陸移動説が提唱された当時、これを歓迎する研究者もいましたが、多くの研究者は一考の価値もないと切り捨てました。このこと自体を責めることはできません。というのは、当時の大陸移動説は、プレートそのものが移動するのではなく、大陸がプレートの上を滑っていくという説明の仕方をしていたからです。

しかしながら、問題は大陸移動説が非常に数多くの現象を説明できるにもかかわらず、多くの研究者から検討の余地もない稚拙な議論と決めつけられたことです。研究者の間でも大陸移動説を「科学」であると考えた人々と、「科学ではない」と考えた人々とに意見が分かれてしまいました。

そうなると、何が科学（グ）であって何がそうでないかを決めるのは純粋にその時代の研究者の主観ということになり、それ以上でもそれ以下でもなくなってしまいます。

私個人の意見としては、科学界にはあらゆる議論に対して開かれていてほしいと思います。それは決してあらゆる議論を肯定しろということではありません。そうではなく、あらゆる議論を検討しろということなのです。

こう考えてくると、正直なところ、ＮＯＭＡの原理は科学にとって有益ではなく、むしろ有害であるとすら思えます。

神とマルチバース

それでは次に、科学が実証された体系だけから構成されているかどうかを検討していきましょう。グールドが問題視するのは多くの宗教において、神という超自然的な存在が登場することであるようです。神という存在が実在することを、われわれは自然現象の中から証明することはできません。一般論として、これは確かにそのとおりです。いかなる自然現象にも、神が存在することを証明しているものも、あるいは存在しないことを証明しているものもありません。ま、少なくとも私の知る限りは、ではありますが。

おまけに神は万能であるがゆえに、あらゆることが可能になります。この世界を自由に創造することもできるし、生命を与えることも、それを奪うこともできます。どのような現象も、どのような観測事実も、とっておきの決め台詞「それは神の御心なのさ」で説明が可能になってしまいます。

われわれが観測した事実の範囲でその存在を証明できない神という存在を持ち出している以上、「神は科学として受け入れられない」と言いたくもなるでしょう。

しかし、本当にそれでよいのでしょうか？

例えば現代の理論物理学には、超ひも理論のように、われわれに観測可能な四次元の時空だけでなく、五つ以上の次元を想定しているものがあります。

われわれに観測できるのは空間を構成する三つの次元と、時間を構成する一つの次元、この四つだけです。ところが、超ひも理論を論じる科学者たちの話では、さらに多くの次元があるというのです。これらの次元は空間の次元であるが、あまりにも小さく折りたたまれているために、観測することができないということです。

いや、観測できないほど小さくなかったとしても、四次元以上の広がりを持つ空間などどう観察していいのかわかりません。私に想像できる空間の次元は、私の視覚がとらえる二次元の空間、そしてそれに奥行きを加えた三次元までです。想像力をフルに働かせてみても、空間を構成する次元をあと一つ付け加えることもできません。より高次の空間を想定する人々は、「われわれが四次元以上の空間を想像できないのは、ただ単にそれが小さすぎて観測できないからだ」と主張しますが、本当でしょうか。私自身は、「馬鹿だと思われたくなければ四次元の空間だってなんてことはないという振りをしろ」というプレッシャーを感じてしまいます。そして、どうしても裸の王様を連想してしまうのです。

ただしここで断っておきますが、四次元以上の次元が存在するという考えは、何の根拠もなく提示されているものではありません。相対性理論と量子力学は現在われわれが実験で知りうる様々な事実をよく説明していますが、残念ながら相性がよくありません。二十世紀初頭から、物理学者たちはこの二つをうまくまとめあげようとしてきましたが、それがなかなか上手くはいかないのです。

ところが新たに登場してきた超ひも理論は量子力学をさらに飛躍的に発達させ、相対性理論をも取り込んだ究極の理論となりうる可能性があると指摘されています。その超ひも理論が無矛盾であるためには最低でも十もの次元を想定しなければならないというのです。ホーキングのように虚数時間を考えれば、時間の次元だけで二つの次元を想定できますが、空間の次元は三つしか観測できません。どうにかして観測されない次元を説明しなければならないという苦しい状況の中で、超ひも理論では観測できないほど小さな領域で縮れてしまった空間の次元に救いを求めているのです。

同様にマルチバースという考え方も、われわれに観測可能な事実とそれに対する説明の範疇を大幅に超えています。これはわれわれに観測可能なこの宇宙以外に存在する、無数の宇宙を想定する理論です。マルチバースはこの宇宙の根本的な不思議を無理なく説明することができます。というのも、われわれが住むこの宇宙は、あまりにも巧妙にできすぎているからです。

このことを、グールド自身に説明してもらいましょう。

グールドが今回攻撃対象に選んだのは『ウォールストリート・ジャーナル』紙の記事です。その記事は次のように問いかけています。

この宇宙に存在する様々な定数、例えば重力の大きさや電磁気力の大きさが少しでも強かったり、弱かったりするだけでわれわれは存在できないのです。もし重力定数が今知られている値よりも強かったらどうなるでしょうか？

そうですね。どうなるんでしょう。少し考えてみませんか？

現在、ビッグバンの後（より正確には宇宙が晴れ上がってから）百四十億年近い年月が経過していると考えられていますが、重力が強ければ、われわれの宇宙で物質が集まって初期の恒星を形作り始めた時期よりもずっと早く、物質は集まり始めたでしょう。われわれの知る宇宙よりも強力な重力場が宇宙の膨張を押さえ込みますから、宇宙の直径も小さかったかもしれませんし、物質密度も今日の宇宙より高かったと推測できます。また、そのような物質密度が高い宇宙の中で強力な重力場が作用する訳ですから、より早く恒星が形成されるようになり、またより巨大な質量を持つ恒星が形成されます。十分に重力が強ければ、銀河と恒星の区別すらつかなかったかもしれませんし、さらに強力であれば、宇宙そのものが始まって間もなく、再び潰れてしまっていたかもしれません。

そこまでいかなかったとしても、重力が強いわけですから、恒星内部で水素同士が互いに押し付けられ、相互作用する確率を高めます。つまり、この巨大な恒星の内部ではすぐに激しい核融合反応が始まるわけです。すさまじいエネルギーが放出され、この恒星系一帯では強烈な太陽風と放射線が荒れ狂い、周囲の温度が上昇するでしょう。そして、核融合が早く進行するために、核融合の燃料もまた早く燃え尽きてしまいます。

いえ、もっと重力定数が大きければ、核融合反応や縮退圧すら巨大な質量の収縮をとめられず、中性子星やブラックホールが形成されやすくなっていたでしょう。宇宙のごく初期の段階で、高密度に凝集した物質中にブラックホールが数多く形成され、猛烈な勢いで周囲の物質を吸い込んでいきます。荒れ狂うガンマ線バースト……ああ、考えたくもありません。このような宇宙で生命が誕生しえたでしょうか？

あるいは、核力がもっと広い範囲にわたって作用するような宇宙ではどうなるでしょう？　いや、プランク定数がもっと大きな宇宙は？　電磁気力がもっと強かったらどうでしょう？　あるいは重力の傾斜がもっと急勾配になっていたら？

微視的な領域に入るほど、量子力学が描き出す世界像は、まさしくカオスの世界です。より小さな領域に注目しようとするほど、素粒子どころか空間や時間ですら狂ったように暴れる世界が出現します。このような乱れがもっと大きなスケールで登場したらどうでしょう。相対性理論が描き出す宇宙の姿は、それがいかにわれわれの常識を覆してしまうような世界であっても、整合性のある美しい世界です。しかし量子レベルで見られる揺らぎの効果がもっとマクロなレベルで出現したら、それはまさしくカオス以外の何ものでもないでしょう。われわれが落ち着いて生活することができるのも、何故か量子的な揺らぎが極めて小さな値に設定され、このような乱れが生じる範囲を限定してくれているからです。どこかに何か特別な存在がいて、これらの定数を注意深く配置してくれたのでしょうか？

このような問いかけに対して、グールドは「もちろん、そんなことはない」と言ってのけます。たしかに、われわれの宇宙は様々な定数が見事なバランスを保っていますし、そうでなければ生命も誕生しなかったでしょう。しかし、「たまたま宇宙がこういう姿になったから、たまたまわれわれが存在するにすぎない」というのがグールドの考え方です。

ランダムに定数を組み合わせた時、とても生命を育むことのできないような宇宙も考えられるでしょうが、偶然にも定数間の均衡がとれた今日のわれわれが見ているような整合性のある宇宙も考えられるはずです。そして、たまたま、宇宙はこのような姿になりました。だからこそ、たまたま、われわれは存在するのです。もし、宇宙がこのような姿でなかったら、われわれも存在しないでしょうし、「なぜこれほどまでに宇宙は荒れ狂うのだろう」と考える事もなかったでしょう。われわれがこういった事を考えられるのも、運良く宇宙が整合性のとれたものであったから、ただそれだけのことです。どんなに確率が低くても、起こりうることは起こりうるわけだし、その結果、われわれは現にここにいるわけです。幸運に感謝して、乾杯しようではありませんか！

このような確率的にありえないような事態がたまたま生じたのだと言ってのける、その豪胆さには感服しますが、一度しかない出来事ならば、確率的に生じにくい整然としたコスモスではなく、確率的に生じやすいカオスが誕生するほうが自然です。

ところで、こうした「矛盾」を無理なく説明してのける説もあります。それが先ほど言及したマルチバースという考え方です。この説に従えば、「ビッグバンは一度でなく無数に生じている」ということになります。ビッグバン以前は空間も時間もない、いわば虚無の世界ですから、それを空間と呼ぶこと自体が間違っているのですが、まあイメージとしては、「虚無空間」に次々と膨れ上がってくる泡のようなものを考えればよいでしょう。この一つひとつが時空という構造を持つ宇宙であり、そのうちの一つがたまたまわれわれの宇宙になっているのだ、というのです。ややこしいことに、「虚無空間」には時間も空間もありませんから、われわれには「虚無空間」上にある二つのユニバースを比較する手段はほとんどありません。（ほとんど、とわざわざつけているのは、ひょっとするとワームホールが現実に存在し、それが二つの異なるユニバースを結びつけているという、ＳＦ愛好家好みの理論的可能性が排除できないからです！）

こちらのマルチバースの考え方であれば、納得がいきます。たった一回のチャンスしかないのに、確率としては極めて低いような出来事が起こるとは考えにくいのですが、それが無数に繰り返されるのであれば、確率的に低い出来事も起こりうるでしょう。要するに無茶苦茶なカオス宇宙が数限りなく形成されれば、そのうちいくつかはわれわれの宇宙のような秩序だったコスモス宇宙になるでしょうし、その中の一つであなたが今こうしてこの本を読んでいられるわけです。

こう考えてみてください。当選確率が十万分の一程度の宝くじだって、百万人が参加して券を買えば、少なくとも数人は当選するでしょう。そして、その人たちは言うのです。「なんてラッキーなんだろう！」

これがマルチバース説の考え方です。

ところが同じ確率の宝くじ券を、たった一人しか買っていないのに、その人が見事当選してしまったらどうでしょう。もちろん、絶対にありえないことではありません。しかし、「ありえない」に限りなく近い出来事です。当然のことながら、われわれは「何かインチキしてんじゃないの？」と考えます。こちらがグールドの主張になります。

そういうわけで、マルチバース説であれば論理としての不自然さはなくなるわけですが、ここで問題なのは、残念なことに、マルチバースの存在が「科学的」に証明されているわけではないということです。

先ほども主張したように、われわれが別の宇宙にたどりつく道（つまりワームホール）を見つけない限り、マルチバースはいかなる観測事実によっても裏付けることはできないはずです。

マルチバース理論は神という存在を持ち出さなくても、この宇宙の姿が決してありえないものではないということを説明してくれますが、その代わりに別の「存在を証明できない存在」を持ち出しています。*註1

マルチバースや虚数時間、十次元の時空などは本当に存在する

・・・・・・・・・・・・・・・・・・・・・・・・・・・・・

註１：

ただし、スティーヴン・ホーキングらが考えている多次元世界では、二つの異なるユニバース（あるいはブレーン世界と呼ぶべきかもしれません）の間で重力だけが影響を与え合うとされています。このような場合、重力の観測で異なるユニバースの存在を示唆できるかもしれませんが、そのような重力の不思議な振る舞いがわれわれ自身のユニバースに存在するダークマター等他の理由で説明できる可能性を排除しない限り、やはり異なるユニバースの存在は理論的な可能性で終わるしかないのではないでしょうか。

のかもしれません。あるいは、われわれがまだ適切な理論やそれを支える新しい数学体系を手にしていないためにでっち上げざるを得ない存在なのかもしれません。いや、ひょっとするとわれわれが神という存在を無視しようとするからこそ生み出さなければならなくなった虚構にすぎないのかもしれません。このどれが正しいのか、今日の物理学や数学だけから結論を導き出せる人が、果たしてどこかにいるのでしょうか。

このように考えてくると、少なくとも現時点では、「神という存在が実在し、様々な定数を注意深く設定して宇宙を組み立てた」と考えることもできるし、「マルチバースが実在していて偶然成功した宇宙にわれわれは暮らしている」と考えることもできるし、あるいは「これらの定数は偶然ではなく必然でそのような値にならなければならなかった」と考えることもできます。どう考えたところで、十分な根拠はありませんし、したがってどれかを現時点で「科学の範疇から追放する」ことはできないと思うのです。

マークス登場

さて、それでは次に、私からみて、グールドよりもはるかにしぶとい論客をご紹介しましょう。彼の名はジョナサン・マークス。マークスはグールドよりもはるかに徹底した議論を展開しており、そしてまた恐ろしいことに、彼の博識ぶりには目を見張るものがあります。

今は亡きグールドも、おそらく賛成してくれると思いますが、彼の科学観に基づけば、マルチバースのような「有効性が確認」できない考え方は科学の範疇外へと押しやられてしまうでしょう。しかし、分子進化学についてはどうでしょうか。少なくとも、もっともらしい数字が証拠として挙げられていますし、「科学」の領域内に置いておこうとするのではないでしょうか。しかしマークスは、彼の著作である『９８％チンパンジー』の中で、近年目覚ましい発達を遂げている分子生物学の「知見」すら、「科学」の範疇外へと引きずり出してしまうのです。生物学者からはブーイングの嵐が巻き起こりそうですが、彼の主張を検討してみましょう。

最近、ネアンデルタール人のＤＮＡとわれわれホモ・サピエンスのＤＮＡの比較から、両者が分岐したのは数十万年前（おそらく六十万年ほど前）のことであり、よってネアンデルタール人はホモ・サピエンスの亜種ではなく、別種であるとする説が提示されました。この説は多くの学者に受け入れられ、亜種説は一時期かなり追いつめられていました。ところが、マークスはこれを「疑似科学」だと決め付けます。マークスに語ってもらいましょう。

> １９７９年にこれを支持する証拠として示されたのが、ネアンデルタール人のミトコンドリアＤＮＡの短い断片の解読だった。（中略）これは両者が異なる種であることを示唆する結果だという。
> ただしＤＮＡ分岐の程度と、別種であることの間に等価の規則など何も与えられていないことを考えれば、そうでないかもしれない。これもまた一つの判定の声ではあるが、厳密には科学的なデータでなく、科学と境界を接しているが実際には知ることのできない世界に属する疑似科学的なものだ。人間に近い絶滅したこの存在は、われわれと交雑することができたのだろうか。われわれは知っていないというだけでなく、知ることができないのだ。知ることのできない物事は科学の領域外にある。

素晴らしいですねえ。いや、嫌味で言っているのではありません。私はマークスに全面的に賛成なのです。ＤＮＡの類似性を判定する上では様々な問題が生じます。どのＤＮＡ断片とどのＤＮＡ断片を比較するのか、そして、ＤＮＡ上に変異が蓄積する割合は一定であるとみなして本当によいのか。

例えば生命維持に絶対的に不可欠なＤＮＡ情報に何らかの変異が生じた場合、このＤＮＡの持ち主は生存できません。ゆえに、このＤＮＡ情報は何ら変異を受けることなく（というより、変異したＤＮＡはその場で淘汰されて残らず）世代から世代へと受け継がれていくことになります。つまり、そのＤＮＡ情報が持つ遺伝子情報の重要性に従って、ＤＮＡに生じる変異の蓄積率は変化するはずです。実際には分析するほうも遺伝子情報を持たないＤＮＡを選ぶなど工夫を凝らしはします。しかし、マークスによれば、結局のところはっきりした結論を導き出すには、ＤＮＡ上に生じる変異というのはあまりにも不確かなようです。たしかに、このような考え方を裏付ける根拠もあります。現在では分子生物学の研究からイヌがオオカミから分離したのは（つまり、一部のオオカミが人間に飼いならされたのは）一万数千年前とされていますが、かってはＤＮＡの「科学的」な分析により、十万年以上前とされていたことを忘れてはいけません。

しかし、ここで奇妙なことが起こります。マークスは続けて、ネアンデルタール人が別種であるとすると、人種の違いを亜種レベルでの違いに還元しようとする輩が勢いづくから、ネアンデルタール人は亜種のままにしておくのがよいと主張するのです。

これが科学的な分析の結論だというのでしょうか？

マークスは、その当時考えられていたよりも早く、ミトコンドリアＤＮＡ内に変異が蓄積する可能性を指摘します。そして、「数字（変異が蓄積する割合）がどれだけはずれていたのかは不明」としながらも、やはり、「六十万年前の分岐はかなり誇張された数字であるように思われる」というのです。

どう逆立ちしてみても、「ネアンデルタール人が亜種なのか、それとも種なのか、科学的な判定はできない」というのが、マークスの議論から得られる唯一の解答であるように、私には思われます。つまり、「ネアンデルタール人が別種か亜種かを論じることは科学的に意味のある議論とは言えない」ということになります。まあ、それを言うなら一部の魚類のように、別種とされながら交雑可能であり、なおかつその子供が生殖能力を持つものもありますし、生物学的な「種の概念」そのものが「科学的ではない」と主張せざるを得ません。

リンネさん、ごめんなさい。

マークスは「人種科学の歴史が物語っているのは、人間の多様性に関するデータ類には価値中立的なものなどないという事実だ」と書いています。これはもっともなことであって、科学者が十分に注意を払わなければならない点でもあります。しかし、これには「人種に対する偏見をなくすために、ネアンデルタール人を亜種とみなすべきだ」と考えるマークスの自身の議論も含まれているとしか思えません。

マークスの議論をここで全て取り上げるわけにはいきませんが、彼の主張のほとんどはまっとうだと思います。論理としては破綻している部分が少なくなくても、マークスの議論に見え隠れする彼の誠実な人柄には感嘆すら覚えますし、少なくとも、マークスは分子生物学に対する私の信頼が、いかにもろい基盤に立っていたかを思い知らせてくれました。『９８％チンパンジー』は、面白いだけでなく、心の底から読んでためになったと言える素晴らしい著作です。ただ、やはり論理としてはかなり無茶な内容が含まれているのです。

例えば、遺伝子の類似性を根拠として「人類は特殊な類人猿である」と主張することに、マークスは苦言を呈しています。これは『利己的な遺伝子』にドーキンスが書いた言葉に対する反論のようです。

彼に言わせれば、系統発生上、確かに人類は類人猿に含められるが、それは、ワニとカメと鳥を比較したとき、より近いのはワニと鳥だと主張したり、あるいは陸上のあらゆる脊椎動物はシーラカンスの仲間から生じてきたわけだから、彼自身の言葉を借りれば、「われわれは類人猿なのだが、それは人間が魚類というのと正確に同じ仕方においてである」というわけです。

この主張はもっともなものだと思います。「人類は魚である」とは誰も言いませんよね。ただ、人類を類人猿に含めるかどうかは、人類が類人猿と枝分かれした後に、人類に生じた遺伝的な変異の度合いに対する評価によって変化するのではないでしょうか。

例えば人類に生じた変化、そして、チンパンジーとオランウータンといった類人猿の間で生じた変化を比較したとき、両者がそれほど変わらないと判断するならば、人類を類人猿に含めてもかまわないのです。これは、あくまでも類人猿と人類の遺伝的類似性に注目した考え方です。

逆に、例えば文化や社会といった側面から見てみれば、人類と類人猿には類人猿とニホンザル以上の差があるといえるでしょう。この場合、人類と類人猿の差に注目し、人類を類人猿から切り離してしまうことになります。

ここで重要なのは、この変異の度合いに対する評価は主観的なものであって、「どのような観点で分けるのか」という分類の基準によって異なってくるということです。何を指標にして分類するかによって、分類の結果はいくらでも変化します。ですから、マークスのように「人類は類人猿ではない」という見方もできますし、「人類は特殊な類人猿である」というドーキンスの見方も可能になります。

このように、主観的に様々な分類が可能な事柄については「唯一絶対」の分類法は存在しません。どの分類法が正しくてどの分類法がそうでないのかを「われわれは知っていないというだけでなく、知ることができない」のです。

同様にマークスの「科学」についての考え方を「科学そのものの分類」に適用するのであれば、この分類の基準はあくまでも人類が便宜上設けたものですから、「科学」の領域には属さないことになると思うのです。科学という領域を非常に狭く考えることで、その本丸を守り抜こうとしているマークスではありますが、肝心のマークス自身が、科学をどう定義するかという点に関しては非常に主観的な議論をしているわけです。

マークスが「科学的」な議論をしたいのであれば、人類を類人猿呼ばわりしたドーキンスを非難している部分は撤回するべきです。

反証可能性

マークスは、しかし、面白いことも言っています。一つは「知ることのできない物事は科学の領域外にある」という何げない言葉です。（というのも、わたしには「本当に知ることのできる物事など何一つない」と思えるからですが！）

ここで、「知ることのできる」という言葉は「論証できる」と置き換えさせてもらいたいと思います。というのも、神を信じる人々は「神が存在することを知っている」と主張しますし、私にはそのことを否定することはできません。その知識は私のものではなく、彼らのものだからです。しかし、「神が存在することを知っている」人々が、いまだかつて私に「神が存在することを論証したこと」はありません。よって、「知ることのできない」とマークスがいう時には、それは決して「いかなる個人にも知ることができない」という意味ではなく、「その知識を多くの人が共有することができない」ことであり、「ある人物が別の人物に対してその知識の正当性を論証することができない」ということだと思うわけです。

「神の存在を知覚した」人も、「ＵＦＯにさらわれた」人も、彼らの語る何の根拠もない物語を「信じてほしい」と訴えかける以外になく、その存在を他の人に対して実証することはできないわけですから、マークスやわたし、そして多くの科学者のように疑り深い人々にとっては「知ることができない物事」になってしまうわけです。

しかしちょっと待ってください。あなたは源頼朝が一一九二年に鎌倉幕府を開いたことを証明できますか？　宇宙の誕生初期にインフレーションがあったことを証明できますか？　ティラノサウルス・レックスが、かつて地上を闊歩していたことを証明できますか？

もちろん、一一九二年に鎌倉幕府が開かれたことを示す証拠を提示することはできます。ちょうど、ネアンデルタール人が六十万年まえにわれわれの祖先と分岐したことを示す証拠を提示することができるように、そしてビッグバンの初期にインフレーションの時代があったことを示す証拠を提示できるようにです。しかし、多くの場合、われわれは「その道の権威」が言うことを自分では確認もせずに信じる以外にないのです。光速がどのような観測者から見ても一定であるということも、ある遺跡から出土した灰の年代測定をしたところ、三万年前という値が得られたということも、われわれは自分で実験して調べたわけではなく、偉い人が調べたらそうなったらしいという報告を元に、知ったかぶりをしているだけなのです。

さらに言えば、全ての人々にとってその根拠となる証拠が実際に信頼に足るものであるかどうかはまた別問題です。ある「権威」にとっては十分納得のいく根拠が、別の「権威」にとっては疑問の余地のあるものであったりします。だからこそ、学会では様々な理論がぶつかり合い、シンポジウムや学術発表が行われるたびに、研究者同士が火花を散らすことになるわけです。ちなみに、鎌倉幕府が始まった時期については一一八〇年から一一九二年まで諸説あり、いまだに議論が続いているということですが、これは主として「何をもって鎌倉幕府が始まったとみなすか」という解釈の違いによるものです。

こういった解釈の問題ではなく、もっと根本的な問いかけも可能です。源頼朝は実在したのでしょうか？ビッグバンは本当に生じたのでしょうか？　こういった問いに間違いなく答えるためにはタイムマシンを作って、自分の目で見てくるしかありません。まあ、もちろんビッグバンを観測できるものなら、ということですが。

ちなみに、ビッグバンなど存在せず、宇宙は広がりも縮まりもしていないと考える科学者は存在します。彼らは遠くの星に見られる赤方偏移を、これらの恒星がわれわれから見て後退していくことによって生じるドップラー効果ではなく、別の原理で説明しようとしているのです。また、ビッグバンを認めるにしても、実際には宇宙の初期にインフレーションなどなく、われわれがまだよく知らないダークマターやダークエネルギーがとんでもない未知の性質を持っており、それによって、今日われわれが考えているのとは

図１−２　ティラノサウルス・レックスは実在した？

また違った宇宙の初期状態の可能性をわれわれに示してくれるのかもしれません。可能性としては、どんなことでも言えます。

同様に、歴史上の人物として教えられていた聖徳太子について、その実在を疑う学者グループも現れています。歴史の本で教えられていたことが否定されてしまうと、にわかには信じられないような気にもなりますが、重要なのは、こういった問いかけが生じ得るものであるし、また実際に生じているという点です。われわれが十分な証拠があると無邪気に信じている事柄ですら、疑問の余地があるとなると、そもそも「疑問の余地のない科学的事実などあるのか」という問いかけが現実味を帯びてきます。

ひょっとしたら、マークスの言うように、ネアンデルタール人の分岐はもっとずっと新しい時代の出来事だったのかもしれませんし、ネアンデルタール人とホモ・サピエンスは混血可能だったかもしれません。実際にその事を示唆する証拠も提示されていますし、二〇一五年現在はこの考え方が学会で主流となっていると言ってもよいでしょう。もちろん、マークスや、混血の可能性を指摘する学者が間違っていて、実際に混血はできなかったのかもしれませんが！

実のところ、「ある事柄が真であることを完全に証明する」ということが非常に困難であるため、より巧妙な科学哲学の議論では、「正しいことを証明できるかどうか」ではなく、「反証できるような議論であるかどうか」を科学の踏み絵として考えます。これはカール・ポパーという哲学者が提唱した考え方ですが、ポパーはこの章のテーマである「科学と疑似科学の間の線引き」という問題に真っ向から取り組んだ人でもあります。ちなみに、彼が疑似科学として槍玉に挙げたのはフロイトの精神分析論でしたが、ここではベルクマンの法則を取り上げてみましょう。

ベルクマンの法則と反証可能性

ベルクマンの法則といっても、すぐにはピンと来ない人が多いかもしれません。しかし、おそらくその内容は多くの人が耳にしたことがあるはずです。ベルクマンの法則は、ほ乳類のような恒温動物を対象としていますが、「自分で体温を調整することのできるこれらの動物を比較してみると、北の方に分布している種ほど体が大きくなる」というのがその内容です。理由もしごく単純明快で、恒温動物が発生する熱量は３次元量である体の大きさに比例し、その体から逃げていく熱量は、条件が同じであれば２次元量である体の表面積に比例すると考えられるからです。

例えば、ある動物の体型はそのままにして、体長、つまりは前後の長さが２倍になるように引き延ばしたとします。すると、前後方向に2倍、上下方向に2倍、左右の方向に2倍になりますから体の大きさは8倍になります。ところが、この大きく引き延ばされた動物の体の表面積は4倍にしかなりません。

分かりやすく立方体で考えてみましょうか。一辺が1センチの立方体の体積は1立方センチ、表面積は6平方センチになります。これに対して一辺が2センチの立方体は体積が8立方センチ、表面積が24平方センチになります。つまり、一辺の長さを2倍にすると、体積は8倍、表面積は4倍になります。表面積を体積で割ってみると、6（一辺が1センチの立方体）から3（一辺が2センチの立方体）へと減少します。

体が大きいほど体積に対する表面積の割合が小さくなるというわけで、体が大きい方が熱が逃げにくく、北の寒い地域では体の大きさが生存の上で有利に働くという論理が導き出されてくるのです。実際には動物の大きさは様々な要因によって影響されますので、この法則は「近縁種について」という制約がかかります。例えばクマを考えてみると、最大のホッキョクグマは最も北の北極に、最小のマレーグマは赤道付近に生息しています。非常に説得力のある説に思えるかもしれませんが、私は少々疑わしい説ではないかと考えています。

そもそも、熱を遮断しようと考えるならば、最も手っ取り早いのは皮下脂肪を蓄えたり、断熱性の高い毛皮を身にまとうこと、あるいはその両方です。これは私の印象なのですが、大型の動物ほど脂肪に頼る傾向が強く、小型の動物ほど脂肪に頼るよりも、どちらかというと断熱性に優れた毛皮を発達させる傾向があるように思います。寒い地域に生息する動物にとって、断熱効果を得ると同時にエネルギー源としても活用できる皮下脂肪を蓄える方法は非常に合理的な方法ですが、重量という点ではマイナスの要素になります。天敵が多く、逃げるために素早さが必要とされる小型のほ乳類にとっては毛皮に頼る方がよいのかもしれません。

しかし、毛皮や皮下脂肪が素晴らしい防寒対策であることについては疑問の余地がないとしても、ついでに体が大きい方が、やはり寒冷地での生存性を高める上では有利なのではないかという疑問もあるでしょう。そこで、ベルクマンの法則をどのように修正するべきかという点について説明する前に、まず本当に寒冷地の動物は大きくて、温暖な地域の動物は小さいのかという点について検証していきましょう。

最初に取り上げるのはゾウです。ゾウはご存知の通り、現在生息している地上のほ乳類の中で最大の動物です。このゾウには現存している種が三つしかありません。アフリカゾウ、アジアゾウ、そしてマルミミゾウです。この中で最大のものはアフリカゾウで、大きなものでは6トンから最大では10トン程度にまでなると考えられています。アジアゾウはそれよりもやや小型で、最大でも7トン程度のようです。マルミミゾウは最も小型で、最大6トン程度のようです。いずれにせよ、アフリカゾウ→アジアゾウ→マルミミゾウという順で小さくなっていきます。さて、このゾウはどれも暑い地域に暮らしていますので、体の大きさは暑さによって決まっているとは考えにくいと思います。強いて言うなら、暑い順にアフリカゾウ→マルミミゾウ→アジアゾウでしょうか。つまり、ベルクマンの法則は無視されていると言ってよいでしょう。

それならば、何がこれら三種の大きさを決めているかと言うと、それはずばり環境です。最も小さいマルミミゾウは熱帯雨林に生息し、アジアゾウは熱帯雨林から草原まで広い環境に適応しています。アフリカゾウはより乾燥した森林やサバンナで暮らしています。ただし、マルミミゾウも年間数百キロも移動すると言われ、森林や草原、海岸線など様々な場所で見られますから、この三者、それほど大きく生息環境が異なっているというわけでもないようです。

おいおい、環境が大きさを決めているのではないかと提案したばかりじゃないかなどと言わずにもう少し説明を聞いてください。三種とも森林から草原地帯まで幅広く見られるとは言いましたが、生息域の乾燥の度合いを比較してみると、マルミミゾウの生息域が最も湿潤で、アジアゾウの生息域はやや乾燥気味、そしてアフリカゾウは最も乾燥した環境で暮らしているように思えるのです。特にアフリカゾウでも最大級のものはアンゴラ南部からナミビアにかけての地域に生息しているということですが、この辺りは非常に乾燥しています。つまり、現在生息しているゾウに関して比較してみると、乾燥地帯に住むものほど大型化しているという傾向があるのではないかと思います。

少なくとも私が調べられる範囲ではこのような傾向が見られるわけですが、これは既に絶滅しているマンモスについても言えるのではないでしょうか。一般的にマンモスと言えば毛むくじゃらで、シベリアで氷漬けになったものが時折発見されるというイメージだと思うのですが、これは数あるマンモスの中でもケナガマンモス、あるいはウーリーマンモスと呼ばれる種です。ヨーロッパの洞窟に描かれているマンモスも、このケナガマンモスだと考えられます。ケナガマンモスはマンモスの中でも最も北方に生息していた種です。

これに対して、ほぼ同時代に現在のアメリカ合衆国南部からメキシコにかけての地域にはコロンビアマンモスというマンモスが生息していました。コロンビアマンモスはケナガマンモスより温暖な地域に生息していたマンモスの仲間ですが、肩の高さは4メートルにも達し、これはかつて北アメリカに生息したゾウの仲間の中では最大です。もちろん、ケナガマンモスと比較してもはるかに巨大でした。つまり、どうやらマンモスについてもベルクマンの法則は成り立たないようです。

ベルクマンの法則は、「近縁の種については」という但し書きがついていますが、私はこれに対しても疑問を感じます。というのも、例えばアフリカの草原を見てみると、シマウマやヌーといった、とても近縁とは言えない、しかし同じような環境に同じような方法で適応している動物の大きさがほぼ同じであるようなケースがあります。これは、生物学では「収斂」と呼ばれる現象ではないかと思われます。多くの生物種にとって、ある特定の大きさであることは、その生物種の生態にかなり依存しているのではないかと思われます。

いかに暑い地域で暮らしていても、ゾウが巨大であることにはそれなりの意味があるのではないかと思われるのです。

徐々に論点に近づいてきましたが、ベルクマンの定理が熱の収支に注目したこと自体は正しいと私は考えています。しかし、そこで問題になるのは周囲の環境が暑いか寒いかという問題よりも、むしろ餌を恒常的に摂取できるかどうかという問題であり、それに伴って生じる長距離の移動や絶食期間などではないかと思うのです。ほとんど餌をとらずに長距離移動することを強いられる動物は、一時的にエネルギーの支出に対してエネルギーの収入が不足します。このような状況に直面することが多いほど、相対的に多くのエネルギーを体内に溜め込むことのできる大きな体が有利に働きます。

絶食のチャンピオンと言えばヒトコブラクダやフタコブラクダを思い浮かべますが、実は現在生息している動物の中で彼らは非常に大きい部類に入ります。同じラクダ科でも、アンデス山脈に暮らすリャマやビクニアはより小型になります。もちろん、同じラクダの仲間でも、これらの種にはラクダのように長期間飲まず食わずで生活する能力はありません。

巨大なアフリカゾウは乾期には草を求めて長距離移動しますし、移動の間、水や餌の乏しい地域を横断しなければならないこともしばしばあります。あまりに乾燥している地域では、水を得るために土を掘って井戸を作るということまでやってのけます。

ゾウは餌も水も不足するような過酷な環境でも、比較的短期間であれば生き抜くことができます。それではゾウに近縁とされるハイラックスはどうでしょうか。ハイラックスはアフリカに生息する3～4キロ程度の重さしかない小型の動物ですが、もちろん一つの地域に留まって生活をしていますし、長期間の絶食に耐えることもできません。

また、地球に生息する最大のほ乳類である鯨は、言うまでもなく非常に巨大です。彼らが巨大化を成し遂げた理由は、一つには海という環境で浮力を得る事ができたからだと言われますが、近年非常に巨大な草食恐竜が発見されていますから、恒温動物と変温動物の違いもあるとはいえ、これは決定的な要素であるとは言えないでしょう。そもそも、沿岸性の鯨類は一般に小型の種が多くなります。例えば水族館などで愛嬌を振りまくスナメリは体長が2メートル程度で、体重も50～60キロくらいです。それなら、一部の鯨はなぜ巨大化する必要があったのでしょうか。

実は、大型の鯨というのは、ラクダ以上に長期間にわたる絶食に耐えられるのです。ホエール・ウォッチングのスター的な存在になっているザトウクジラや世界最大のシロナガスクジラなどは大海原を回遊します。そして、夏には北極や南極で餌をひたすら食べますが、寒くなってくると熱帯や亜熱帯まで移動します。ところが暖かい海で暮らすこの時期、彼らは数ヶ月にわたって餌をとらないというのです。

それだけではありません。餌をとらないどころか、この時期に彼らは子供を産み、育てます。数ヶ月にもわたり餌をとらずに巨大な子供に乳を与え続ける母親の負担は想像を絶します。シロナガスクジラの子供は、生まれたばかりでも体長が７メートル、体重は２トン半ほどあるそうです。そんな巨大な赤ちゃんが毎日のように４百から５百リットルにも及ぶ乳を飲むそうですが、このような大量の乳を与える母親が、その子育て期間中に何も食べないというのは驚くべきことだと思います。極地にいる間に巨大な体にできる限りのエネルギー源を溜め込み、その消費量を可能な限り抑えながら生きていく。彼らが巨大化する必要があった理由、それはまさにこの点にあるのではないでしょうか。私にはそう思えるのです。もちろん、同じ鯨類でも小型のスナメリは回遊せずに沿岸で暮らし、一年中餌をとり続けます。

それでは逆に、ベルクマンの法則の模範的な例としてしばしば引き合いに出されるクマはどうなのでしょうか。たしかに、クマはベルクマンの法則に関して優等生的な存在です。クマの仲間は熱帯地方から北極まで広く分布していますが、全く見事なほど、最も北に分布し最大であるホッキョクグマから熱帯に分布し最小であるマレーグマまで、暑い地域では小型になり、寒い地域では大型になるという傾向を踏襲しているように思えます。

ところが、です。よく知られているように、寒冷地のクマは冬になると冬眠します。冬眠中は基本的に餌をとらないので、冬が来る前にエネルギーを溜め込まなければなりません。やはり、絶食期間があるのです。そもそもクマは寒い期間地面の下に潜っており、活動するのはある程度暖かくなってからです。クマの活動期間が比較的暖かい季節に限定されていて、寒い冬には地面の下に潜っているというのに、「寒いから体が大型化する」というのは少し無理のある説明ではないでしょうか。

こう考えてくると、クマにとっても暑いか寒いかが重要な要素なのではなく、むしろ絶食期間の有無が問題となっているという可能性が出てきます。もちろん、実際にはクマどうしの餌を巡る争いが激しい場合など、大型化することによって食料を確保しやすくなり、それによって冬眠期間を乗り切ることができるということもあるでしょう。この場合、冬眠期間そのものよりもクマどうしの競争が大型化をもたらす直接的な因子となるわけですが、それでもその背景にはやはり、冬眠期間の存在が見え隠れしています。つまり、冬眠期間が短ければ、餌を巡る争いに敗れたとしても生き抜くチャンスが増えるわけです。

ちなみに、私が冬眠期間と体重の関係について調べる中で情報を多く集める事ができたのはアメリカクロクマでした。そうして集めた情報に基づく限り、たしかに同じアメリカクロクマでも北方のものほど体重が重くなるそうですが、同時に冬眠期間も長くなっています。さらにクマの中でも最大級のホッキョクグマの場合、冬眠ではなく逆に夏の間、餌をほとんどとらないで乗り切るそうです。夏の間、彼らは代謝レベルを落としてあまり動かずに、この「つらい」時期をどうにか乗り切ろうとするのですが、冬期の間に十分な餌をとっていないと脂肪の蓄積が十分にできず、夏を乗り切ることが困難な状態におかれるということです。もちろん、逆にクマの中でも最小クラスのマレーグマなど熱帯性のクマは一年中周囲に餌がある状態ですので、冬眠も夏眠もしませんし、サイズもまた最小です。

それならシマリスやヤマネなど、冬眠する小型動物はどうするんだ、とおっしゃる方もいるかもしれません。彼らは冬眠するにもかかわらず、ほ乳類全体の中で見ても非常に小型です。絶食期間が長いにもかかわらず小型でいられるこれらの動物は、私の説にとって致命的な反例となっているように思えるかもし

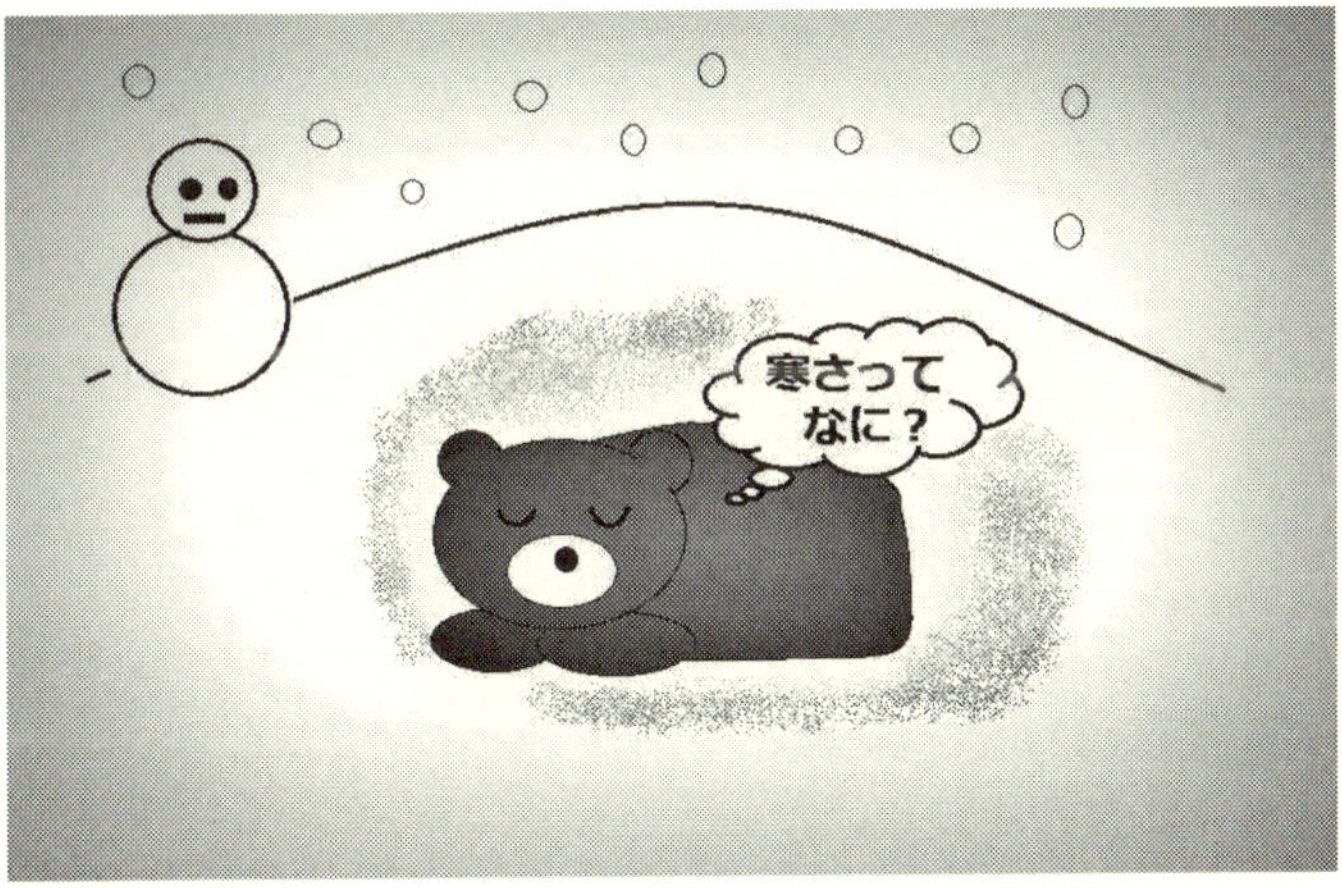

図1−3　北方のクマは寒さに強い？

れません。

しかし、これらの動物は冬眠中も体温をほとんど落とさないクマとは異なり、体温を極限まで落とし、ほとんど仮死状態と言ってもよい状態で冬眠するそうです。そのチャンピオンとも言えるのがホッキョクジリスで、暖かい季節に盛んに活動している時の体温が37度あるのに対し、冬眠中はなんと氷点下3度まで下がることもあるというのですから驚きです。つまり、ホッキョクジリスは徹底的にエネルギーを使わないことで長い冬を乗り切っているのであって、クマと同じようにほんの数度しか体温を下げない状態では、とても長い冬を乗り切ることはできないでしょう。ホッキョクジリスは冬の間だけ「恒温動物であることを捨てる」という手段によって、どうにか生き抜いてきたのです。

もちろん、冬眠する小型のほ乳類には、シマリスのように、冬眠の際には必ず餌のドングリを巣穴に溜め込んでおくというしっかり者もいます。

さあ、それではわれわれ人類についてもこの傾向は拡張できるのかどうか検討してみましょうか。正直なところ、人類は汗をかくことによって積極的な体温調整を行っているので、話が複雑になってきます。体の表面積が大きければそれだけ多くの汗をかくことができますから、体を冷却しやすくなります。ですから、汗をかかない動物と比較して、体の表面積の影響を受けやすくなると考えられるのです。さらに脳が大量の熱を発生しますから、人類にとってはいかに熱を逃がすかが重要な問題となる上に、人類の場合絶食に対する耐性は本質的に低いと推論できます。

さらに、ここ数千年に限ってみるならば、生活の形態が狩猟採集、牧畜、農耕など極めて多様ですし、ごく最近見られた西洋人や東洋人の大型化を見ても明らかなように、それぞれの生育環境での栄養状態が体の大きさを決める非常に大きな因子になっています。これほどまでに体の大きさに影響を与える因子が多い種は他にはないでしょう。ですから、たとえ乾燥した地域で大型化し、湿潤な地域で小型化するという傾向が見られたとしても、それがどのような理由によるものであるのかを特定することが困難だと思われるのです。

このような問題点を踏まえた上で、人類についても一応見ておくことにしましょう。例えば、約五百万年前から二百万年前ほど前に生きていたわれわれのご先祖とされるアウストラロピテクスの仲間は、現代人と比較すると非常に小型だったのですが、それがわれわれに匹敵するほど巨大化したのはホモ・エレクトゥスになった頃です。ホモ・エレクトゥスの時代に人類は急激に大型化しただけでなく、完全に二足歩行に適応しました。そしてまた、ホモ・エレクトゥスは石器の使用にも長けていました。彼らはアフリカ大陸を超えて広くアジアに拡散していったと考えられていますが、ここでまた面白い現象が見られます。乾燥したアフリカにいたホモ・エレクトゥスは長身なのですが、東南アジアなどでアジアで発見されているほぼ同時代のホモ・エレクトゥスはずっと小型なのです。東南アジアは当時も湿潤だったと考えられますから、ホモ・エレクトゥスもまた乾燥＝大型化、湿潤＝小型化という傾向にうまく乗っているように思われます。

それでは、現代人についてはどうでしょうか。例えば、アフリカ大陸で最も身長が高い民族と言えばディンカ族など比較的乾燥した草原地帯に暮らす遊牧民族で、逆に最も低いのは熱帯雨林に住むネグリロ（ピグミー）です。ディンカ族のように乾燥地帯に住む遊牧民族はその生活自体が干ばつとの戦いですから、大型化する必要があったのかもしれません。いずれにしても暑くても乾燥した地域には比較的大柄の人々が見られるという傾向はあるように思えます。

ヨーロッパのように北に行くほど身長が高くなる傾向が見られ、ベルクマンの法則が当てはまっているように見える場所もありますが、北方は寒いだけでなく、寒い冬が長くなることも忘れてはいけません。まあ、様々な問題が想定されるにしても、これらの事例を考慮してみると、寒いから体が大きくなるのではなく、餌や食べ物をとる事のできない、あるいは少ない食べ物で乗り切らなければならない期間が長引くほど体が大きくなるという一般的な傾向が見えてくるのではないかと思います。特定の時期に集中する食料を体内に取り込んで大量に保存し、そしてそれをちびちびと使い続ける。そんな戦略には、そのような環境が寒冷な気候によるものであろうと、乾燥した気候によるものであろうと、あるいは回遊などによって生じるものであろうと、とにかく体が大きい方が有利になるということなのです。防寒対策はその他の方法によって十分に対応可能で、それほど重要な要素とはなりません。

さて、生物の教科書に必ずと言ってもよいほど登場するベルクマンの法則に挑戦してみましたが、実際のところ、どちらが正しいのかは専門家の判断を仰がなければならないでしょう。おそらく、実際には私の説にも例外が多く出てくることでしょう。例えば、アメリカクロクマとハイイログマは同じ地域に生息しているのに、(そしてこれは確認できていないのですが、おそらく冬眠時期も同じ程度なのに)なぜ体の大きさが違うのでしょうか。既に絶滅していますが、カリフォルニアに生息していたハイイログマは、より北方に生息するアメリカクロクマより大型でした。*註2

また、マンモスについてもベルクマンの法則が当てはまらないことは検証しましたが、それならば果してコロンビアマンモスよりもケナガマンモスの方が餌が豊富な環境で暮らしていたのかという点になると、正直なところなんとも言えません。

ただ、これだけは言えます。これまで広く受け入れられてきており、理論としては極めて優秀と思われるベルクマンの法則にすら、挑戦状を叩き付けることはできるということです。

しかも、これはベルクマンの法則に限った話ではありません。かつて、カエルが「動かない虫に反応を示さない」ことから「カエルには動かないものは見えない」と語られたことがありました。映画『ジュラシック・パーク』でもこの現象を利用して、主人公たちはティラノサウルスの前で息を殺して動かないようにします。また、「縦縞だけの環境」で育てられた猫が「横縞の入った床」のある部屋に入れられた時、床に足を踏み出そうとしなかったことから、これらの猫には「横縞が見えないのだ」とまことしやかに語られてきました。これらは全て実験や観測事実に基づく「科学的事実」だと考えられていたのですが、どうにも怪しいとは思いませんか。

昔、私が子供だった頃、九州の田舎道を散歩していると、ウシガエルがぴょんと跳ねて堀に飛び込む光景をよく目にしました。静止している水面に向かってです。これらのカエルには静止した水面は見えていないけれど、位置を覚えていてとりあえずそっちに向かって跳ねてみたということでしょうか。

横縞の描かれた床に足を踏み出そうとしない猫の場合はどうかというと、次のように考えられないでしょうか。

あまりにも異質な環境を目にした時、われわれだって足を踏み入れる前に躊躇するでしょうが、それは「われわれにはその環境が見えない」ということを意味するわけではありません。むしろ、その異質な環境が見えているからこそ躊躇しているわけです。

例えば、蛇や虫が無数にうごめく床が目の前にあると想像してみてください。あなたはその場所に足を踏み出すでしょうか。まさに、横縞が描かれた床を前にした猫と同じように、足を踏み出せずに困ってしまうのではないでしょうか。この場合、あなたには床が何やらうごめく様子が見えているからこそ、足を踏み出すことを躊躇してしまうはずです。同様に、猫に横縞は見えていたが、ただ、その環境が異質に見えて躊躇していただけなのではないかと思えるのです。

さて、科学についての議論に戻っていきたいと思うのですが、ベルクマンの法則がこれまで認められてきたということは、この法則に「反証可能性がない」という

・・・・・・・・・・・・・・・・・・・・・・・・・・・・・・

註２：

もちろん、これについても説明を試みることはできます。例えばハイイログマの祖先であるヒグマはそもそもクロクマよりも体が大きく、カリフォルニアハイイログマは体が小さくなっていく過程にあったのだ、といったようにです。

ことではなく、「これまでのところ反証に成功していない（あるいは不十分な反証しかなされていない）」ということであって、その説が「様々な反証のチャレンジをくぐり抜けてきたつわもの」だということです。根拠さえあるならば、ベルクマンの法則を疑うことに何の問題もありませんし、むしろ、疑うことをやめた時点でベルクマンの法則は「非科学的」になってしまうと言えるのかもしれません。

逆に、反証しようがないという理論があれば、これはそもそも議論のしようにもその土台がないということであり、議論するだけ無駄です。そのような仮説や理論は反証しようがないから反証されていないだけで、決して様々なチャレンジをかいくぐってきたわけではないのです。

反証可能性と真実

一つ有力なポイントが出てきましたね。科学的であるということは、その理論が反証可能であるということです。しかし、「反証可能であるにもかかわらず、反証されていない」ということは、「それが真実である」ということを保証しているのでしょうか？

既にベルクマンの法則について、その正当性に疑問を提示しました。このあたりでやめておいた方がよいとささやく声が聞こえるような気がしますが、かえってうさんくさく見えてしまうことを覚悟の上で、もっと根本的な法則についても考えてみましょう。

例えば万有引力の法則を考えてみてください。われわれは常日頃からあらゆるものが地球というわれわれの惑星に押さえつけられていることを知っています。しかし、この立役者である重力が、実際に常に存在するということをどう証明しますか？　あるいは、反証しますか？

これはちょうど全体像を観察できないサイコロの様子を推測するようなものです。

このサイコロには六つの面があることがわかっています。このサイコロを直接観察することはできないので、各面にどの数字が書かれているかはわかりません。しかし、実際にサイコロを振ってみると、一番上の面にどの数字が出たかは観測することができるとします。つまり、サイコロが止まった時、一番上に出ている数字だけは読み取ることができます。

それならば、どんな数字がサイコロに書かれているか、どうやったら調べられるでしょうか？

それは実際にサイコロを振ってみることでしょう。繰り返し、繰り返し、もううんざりだと投げ出したくなるまでサイコロを振ってみるのです。

さて、いま、千回サイコロを投げてみたとします。千回もサイコロを振り続けるのは大変でしょうが、まあ、そういうことをしたという気にだけなってください。

そして、この延々と続いた退屈な実験の結果、今、あなたは驚くべき結果を手にしています。なんと、サイコロを千回振ってみると、その全ての結果が１だったのです。さて、このサイコロについて、あなたはどんなことを主張できるでしょうか？

あなたがどんなことを言うかはわかりませんが、私だったらこのサイコロの全ての面には１が書かれていると主張します。もちろん、その理論的根拠だって示すことができますよ。

例えば、サイコロの一つの面にだけ１以外の数字（２でも３でも構いません）が書いてあり、残りの五つの面に１が書いてあったと仮定してみます。すると、このサイコロを千回振っても１が出続ける確率は、

5／6の千乗です。マイクロソフトのエクセルに計算させてみると、これは6・6×10のマイナス80乗という、とてつもなく小さな値になるということを教えてくれます。同じ条件で二つの面が1以外の数字である確率はさらに小さくて、8・1×10のマイナス177乗だそうです。

もちろん、三つの面が1以外の数字である確率はさらに小さくなります。

つまり、常識的に考えて、このサイコロの六つの面には全て1が書いてあると推測できます。しかし、これは全ての面に1が書いてあるということが「確実に言える」ということではありません。ひょっとしたら、この起こり得ないような事態が本当に生じていたのであって、少なくとも一つの面には2が書かれているにもかかわらず、どういうわけか千回も連続で、その1以外の数が書かれている面が一度も出なかっただけなのかもしれません。

しかし、これ自体は反証可能であるはずです。なぜなら、このサイコロをさらに振り続け、一度でも2の目が出たら、それで全ての目が1ではなかったということを証明できるからです。今まで千回もサイコロを振っても「全ての目が1である」という仮説に反証することができなかったわけですから、ここはひとつ腹をくくって一万回振ってみたらどうなるでしょう。

一万回振っても1が出続ける確率をエクセルで計算してみると0という答えが返ってきます。つまり、1以外の目が一つでもあるならば、一万回1だけが出続けるということはありえないということです。心情的にはこの答えに賛成なのですが、厳密に考えるならばこれは間違いです。

エクセルが返してきた0という数字は、文字通り確率が0ということではなく、エクセルには計算できない（あるいは表示できない？）ほど小さな数であるというだけのことで、実際にはどんなに小さな数であっても可能性が文字通り0になるというわけではありません。

つまり、仮にこのサイコロを一万回振って1が出続けたとしても、まだ、「このサイコロには1以外の数字が書かれていない」ことを厳密に証明することはできません。これは、一億回振ろうが、一兆回振ろうが同じことです。

サイコロを振って1が出続ける回数が増えれば増えるだけ、このサイコロに1以外の数が書かれている確率は0に近づいてゆきます。しかし、計算上のその確率が0に近づくことはあっても、決して0そのものには達しないのです。つまり、このような方法では（いかにそれが常識的にありえないことであろうと）このサイコロに1以外の数が書かれていることを論理的に実証することはできません。

この議論が眉唾だと思う人には、別の方法で反証可能性を否定してみることにしましょう。

もう一度、現在の宇宙論に戻ってみましょう。われわれは一般相対性理論という、重力についての理論を持っています。この理論を使って、宇宙の様々な現象を見ていきます。もし、様々な現象が相対性理論で説明できれば相対性理論はいきるし、反証するような証拠が出てくれば、相対性理論は死ぬ。これが「科学＝反証可能性」という考え方から導き出される結論でしょう。

しかし、現に相対性理論やニュートンが示した重力の方程式では説明できない現象がいろいろと生じているのです。

例えば、ある重力源の周りを回っている物体の動きを考えてください。太陽の周囲を回っている惑星の動きでかまいません。太陽に近い水星は非常に速い速度で太陽の周りを回ります。ところが、太陽から離れるほど、その速度は遅くなってゆきます。

水星の場合、太陽からの平均距離はだいたい0・387AUで、軌道速度は平均秒速48キロほどです。AUというのは天文単位という距離の単位です。火星は1・5AUほど太陽から離れていて、軌道速度は秒速24キロほどに落ちます。海王星は太陽から30AUほども離れ、こうなると軌道速度も秒速5キロほどにすぎません。このように、太陽から遠ければ遠いほど、ゆっくりと太陽の周りをまわることが知られています。

遠心力というのは見かけの力に過ぎないので、こういう説明の仕方はお叱りを受けるかもしれませんが、簡単に言ってしまうと、太陽に近い物体ほど強い重力の影響を受けるわけですから、軌道上に残るためにはより強い遠心力を持たなければなりません。より強い遠心力を得るためにはより速く進む必要があるというわけです。

ところがどういうわけか、われわれの銀河系の中で恒星の動きを見てみると、この当たり前であるはずだった法則が成立しません。なんと、銀河系の中心に近い恒星も、より外側に近い恒星もほぼ同じ速度で銀河系の中をめぐっているのです。これは「銀河の回転曲線問題」と呼ばれていますが、銀河の中心から5キロパーセク程度から外側にある恒星が銀河を巡る速度は、秒速150キロメートル程度で比較的一定していると言われています。

このことから、ダークマターという観測できない物質を想定する理論が現在では有力となっています。ダークマターは重力を生み出しますが、それ以外にはほとんどわれわれが知っている観察できる物質と反応しないため、観測することができません。見たり触れたりするためには電磁気力が必要になるため、電磁気力に反応しないダークマターは見ることも触れることもできない物質です。ダークマターがあなたに向かって飛んできても、何の痕跡も残さずあなたの体を素通りしてしまうことでしょう。

このダークマターがあるおかげで、目に見える物質が作り出す重力場と現実に観測されている重力場にはずれが生じます。ですから、銀河系内の恒星の不思議な運動も説明することができるわけです。

しかし、ダークマターの正体として考えられている様々な理論的候補の中で実際に存在を確認されているのはニュートリノだけですし、ニュートリノ単独では膨大な量のダークマターを説明することはできないと言われています。スティーヴン・ホーキングはＭ理論や超ひも理論で想定される多次元世界の中で、われわれが知覚できる４次元のブレーン世界のすぐ近くにもう一つのブレーン世界があるとすると、この、もう一つのブレーン世界にある物質は重力を通じてしかわれわれの世界に影響を及ぼせないため、われわれの世界ではダークマターとして認識されると言っています。註３

さて、今日有力視されているのは、やはり重力以外の力が作用しないダークマターがわれわれの宇宙に満ちているという考え

註３：
ブレーン世界という考え方は「縮んでしまった次元」という、非常に不可解な条件を持ち出さずにこの世界が４次元の時空に閉じ込められている理由を説明することができます。そのため、非常にスマートな理論だと言えますが、ダークマターが果たして異なるブレーン世界の物質であるのかどうかはなんともわかりません。ブレーン世界を想定すると、ダークマターは単に異なるブレーン世界にとらわれている普通の物質でしかなく、それはわれわれのブレーン世界にとって見えないだけです。

方でしょう。というのも、銀河の恒星に見られる不可解な動きだけでなく、ダークマターが存在していることを示す根拠となる観測事実が他にもあるからです。

ダークマターは重力以外の力と反応しないとされているので、陽子や原子核のような複合的な素粒子を形成することもないでしょう。しかしながら重力場は持つので、もしダークマターの固まりがあるとしたら、何もないところに重力場だけがあるように見えるわけです。重力は時空を歪めてしまうので、ダークマターが存在すると、その重力場による時空の構造が観測できるわけです。今日では、大規模な銀河団のような目に見える宇宙の大規模構造にもダークマターが関わっていると考えられるようになってきています。

しかし、ダークマターやダークエネルギーといった正体不明の存在を用いずにこのような重力の不思議な振る舞いを説明することもできるかもしれません。

例えば、プラズマ宇宙論は、銀河系の中心から伸びた腕がプラズマに包まれていると仮定しています。そのプラズマによって腕の動きが拘束され、銀河の内側にある恒星も外側にある恒星も、同じ回転速度を持つというのです。これなどは銀河レベルで作用する力として重力だけを考えてきた従来の宇宙論に大きな一石を投じたといえるでしょう。それが正しいかどうか判断するためには、太陽風の影響を受けない恒星間スペースがどの程度プラズマに満ちているかを確認する必要があるとは思いますし、プラズマ宇宙論は宇宙背景放射についての観測事実と矛盾を抱えているそうです。

その他、ニュートンの重力理論そのものを見直してしまうＭＯＮＤという理論も提示されています。これは重力が逆二乗法則に則って減少していくという通常われわれが観測によって確認している事実が、より大きなスケールでは成立しないと考える説です。

まあいろいろな説がありますが、少なくとも現在のところ、最有力視されているのはダークマターの存在を仮定する説です。しかし、ここで重要なのは、われわれが旧来の理論で説明できない事柄が生じた時、その理論を破棄するかと言うと、必ずしもそんなことはないということです。相対性理論やその近似としてのニュートン力学は、様々な観測事実をあまりにもうまく説明できる説であるが故に、天文学者たちはこれらの理論を捨てる代わりにダークマターという観測できない物質を想定したのです。念のため断っておくと、既に述べたように、ダークマターの存在は「観測はできないけれど強い重力を持っている領域」が宇宙にあることが観測されたことで、「観測できる領域」の中に足を踏み入れつつあります。しかし、少なくともダークマターが議論され始めた当初は、標準的な重力理論を破棄してもおかしくない状況が生じていたにもかかわらず、われわれはそうしなかったということが言えます。

われわれは宇宙のあらゆる側面を観測しつくしているわけではありません。ですから、ある理論に反する証拠が挙がってきたとしても、それは理論そのものが間違っているのではないのかもしれません。われわれは「まだ観測されていない何か」に救いを求めることができるわけです。

しかし、これは「反証可能性」にとっては大きな打撃となります。

というのも、われわれはある理論（重力理論）に対して矛盾する観測事実（恒星の運動）が見出だされた時、二通りの解釈をする余地を与えられているからです。一つは、われわれがまだ知らない何か（ダークマター）によって生じていると考えることで、もう一つは理論（相対性理論）の不備によるものであり、理論そのものを修正しなければならない（ＭＯＮＤ）と考えることです。そして、このどちらが正しいのか、われわれには判別がつきにくいのです。

結局のところ、われわれが観測可能な全ての事象を観測し尽くしているのでなければ、反証可能なものなど存在しません。そして、この宇宙についてのあらゆる事実を知り尽くすなどと言うことが仮に可能であったとしても、われわれには自分たちが本当に知り尽くしているのかどうかを確認する術すらありません。

あるいはこう指摘することができるかもしれません。ある理論が反証可能であったとすると、そのこと自体、その理論が真実ではない可能性がゼロではないことを示しているのです。絶対に真実であることがわかっている理論があるとしたら、それは反証可能ではありませんよね。このような理論は「科学」ではなくなってしまいます。ある理論が反証可能であるということは、「今のところ最もよくできている理論だけど、将来新しい事実がでてきたら間違っているということが示される余地があるよ」といっているわけで、将来「間違っているとみなされるかもしれない」からこそ、その理論が「科学的である」と主張することができるわけです。

まとめると、科学が反証可能なものであるとすると、皮肉なことに、「真実ではない可能性がある」からこそ「科学的」であるのです。そのために、われわれは「それは科学的だから真実である」と主張することはできなくなります。そして、真実は「今日科学的であるとされている領域」の外にあるかもしれない(つまり今日の理論が反証されてしまうかもしれない)わけですから、現時点で「科学的ではないから間違っている」と主張することもできなくなります。

科学的な「実証」には、常にこの手の問題が付きまといます。今までそうだったからだといって、今後もそうであり続けると厳密に１００％断言することはできません。ひょっとしたら、重力理論に対するわれわれの揺ぎ無い信頼は、明日にも裏切られてしまうかもしれないのです。

しかしながら、こうも言えます。実際のところ、ＨＵＤＦ－ＪＤ２と呼ばれる宇宙の初期に形成されたと考えられる銀河からダークマターやダークエネルギーまで、この宇宙はわれわれ人類の常識を覆すような観測事実に満ちています。宇宙の始まりから現在に至るまで、われわれにとって謎としか言えない現象は無数にあるのです。しかし、われわれはその事実にうんざりするどころか、わくわくしながら様々な可能性を考えます。そして、これこそが「科学」の真に素晴らしい側面なのです。

いわば、可能性こそが「科学」の本質なのであり、「科学」の本当の素晴らしさは、既知の領域にあるのではなく、むしろ未知の領域にこそ広がっているのです。

観測事実と聖書

アメリカで盛んな創造科学に対してグールドやドーキンスなど著名な科学者の多くは非常に批判的です。創造科学というのは、旧約聖書に書かれた様々な出来事を「科学的に」証明しようという動きで、地球が四十億年以上前にできたとか、宇宙は約百三十八億歳であるとか、そういった、今日「科学的」とされる考え方に反旗をひるがえしているのです。

しかし、創造科学を「疑似科学」と呼んで弾劾する人々と、創造科学を信奉する人々の間には大きな断絶があるように思えます。

一般に科学と呼ばれる領域は、われわれが観測する「自然のみ」が理論の拠り所であるべきだと考えています。これに対して創造科学の論者のほうは、それを公式に認めるかどうかは別として、「自然＋旧約聖書」を理論の拠り所であると考えているわけです。自然の摂理と旧約聖書にある様々な記述を両立させるということが非常に困難であるという印象を私は個人的に持っています。ですから、創造科学を退けることになりますが、もし仮に、どうしても現時点で両者を両立させた理論を構築しろと言われれば、私は迷うことなく創造科学を推薦します。

このような聖書によってかけられた制約は、実は科学史の中でも散見されます。例えば天体が楕円軌道をたどっている事を発見したケプラーは、ガリレオやニュートンとともに「科学」が「宗教」に対する戦いを制する上で重要な役割を演じた科学界の「聖人」ですが、楕円軌道にたどり着くまで、天体の動きを円軌道に当てはめようとして膨大な時間を無駄に費やしています。ケプラーがなぜ「天体は円軌道上を運行するはずだ」と考えたかといえば、それは「完全なる神は完全なる世界をおつくりになる」と考えていたからだと言われています。そしてまた、ガリレオも楕円軌道を受け入れることを拒否したと言われています。観測事実に基づく理論構築の先駆けとして知られるあのガリレオがです。

このことはわれわれに二つのことを教えてくれます。第一に、ケプラー自身も天空に関する理論は（少なくともある程度は）旧約聖書の立場に立脚させようとしていたこと、そして第二に、ケプラーは旧約聖書に対する彼の理解（これはあくまでも彼、あるいは当時の人々の解釈であり、旧約聖書自体に惑星は円軌道上を巡るというようなことは書いていないはずです）では自然を観察して得られた結果を十分に説明できないとわかった時に、旧約聖書ではなく、観測された事実を優先したことです。

現代科学は実のところ、自然を観察して、当時ヨーロッパで信仰されていたキリスト教の聖書との整合性を探ろうという試みから出てきたと、日本における科学史界の第一人者でもある村上氏は考えているようです。しかしその過程で自然をよく観察してみると、どうしても聖書に書かれていることとつじつまが合わない事柄が見つかってきました。その際、自然を最も簡潔に理解しようとする立場と、旧約聖書と自然を可能な限り両立させて理解してみようとする立場が生じてきました。今日の考え方でいうと、前者が自然科学であり、後者が創造科学であると言えるでしょう。

例えば、有名なガリレオの裁判について考えてみましょうか。この裁判は、これは科学が宗教に反旗を翻し、そして宗教による理不尽な弾圧を受けた事例であると解釈されることが多いのですが、そうとも言い切れません。

ガリレオは太陽の周りを地球が回っていると考えたほうが自然をより良く説明できると考えました。それに対して天動説側には、ティコ・ブラーエが提唱した図式、つまり、地球の周りを太陽が回り、その周りを木星や火星といった他の惑星が回るというより複雑な（しかし矛盾はない）図式がありました。どちらも理論的にあり得るモデルではありますが、ガリレオが示した図式のほうがシンプルでしたし、木星にも衛星があるということは、地球が惑星にすぎず、月も木星の衛星と同じような存在だということを示しているように思われました。

しかし、これはあくまでもモデルとしての美的感覚に関する領域であって、どちらのモデルが正しいかという問題に決着をつけてくれるような根拠ではありません。当時、そもそもガリレオが観測に使った望遠鏡について、「そんなわけのわからない道具を信じられるか」という人がいたのも事実のようですが。

ともかく、二つの対立するモデルには一つ決定的に違う点がありました。それが恒星系の動きです。

ガリレオが信じた地動説に従い、もし太陽が宇宙の中心にあるのであれば、夜空を彩る無数の恒星は太陽に対して固定されているはずです。そして地球は太陽の周りを巡っているのですから、地球は恒星に対して動いているということになります。この場合、地球が太陽の周りを巡るにつれ、地球から見れば、恒星に年周視差が観測されていいはずです。

逆に天動説が正しいのであれば、地球が宇宙の中心にあり、恒星は地球に対して固定されているということになります。恒星が地球を中心に回転することはできても、絶対に年周視差は観測されないはずです。

ところがガリレオの時代には、もし地動説が正しいのであれば当然観測されていてよいはずの恒星の年周視差は、残念ながら観測されていませんでした。

現代の後知恵で、「それは一番近い恒星でも数光年は離れているからさ」というのは簡単ですが、当時はガリレオを含めて誰もそんな凄まじい距離を想像だにしていませんでした。ガリレオは恒星が非常に遠いところにあるのだろうと言ってはいますが、彼とてよもや一番近い恒星ですら数光年も離れているとは思わなかったことでしょう。

正直なところ、もし現在われわれが持っている知識もなくガリレオの時代にいて、天動説と地動説どちらかを選べといわれたら、私は天動説を選んでいたかもしれません。当時の知識の範囲では、地動説は天動説に対して格別な優位を持っていたわけではないのです。ですから、教会側には天動説を堅持する十分な根拠があったということになります。

もう一言付け加えておくと、相対性理論的な考え方をすると、「動く」という概念自体が相対的なものです。そうなると、この両者の争いは、結局のところ「どちらも正しかった」というところに落ち着くことになりかねません（ただし、この相対性についてはそう簡単に素通りできない問題もありますので、これについては次章でまた議論します）。ガリレオはガリレオなりに自分が望遠鏡を使用して観測した事実を元に地動説を考えていたわけですが、いうならば、これは「一部の観測事実を優先する科学的立場」と「別の観測事実・聖書一体型の科学的立場」の争いであり、これを科学対宗教という図式で簡略化してしまうことは大きな間違いだと思います。

ところが、グールドはこの様な「観測事実・聖書一体型の科学的立場」に基づく考え方を、一見すると科学であるかのように見える、科学の皮をかぶった宗教とみなし、疑似科学と呼んでいます。彼の眼には宗教が科学の領域へ許すべからざる侵略を開始しているように思えたのでしょう。

しかし、反証可能性という点からよく考えてみると、創造科学は反証可能です。ノアの洪水があったと考える人々に、われわれは反証を示すことができます。そう、人類や宇宙の起源が一万年より前ではないと主張する人々に、われわれは反証を示すことができます。早い話、岩石や化石の年代測定、宇宙の大きさなどは創造科学に対する十分な反証を挙げているように思われます。

もし、この宇宙が一万年前に作られたものであるのならば、どんな光も宇宙誕生後一万光年しか進むことができなかったはずです。つまり、われわれに観測できる宇宙は、地球を中心とする半径１万光年の球の中にある部分だけということになります。

今日、年周視差で直接的に距離が測定されているのは３千光年ほどまでですが、その範囲内にある変光星の明るさを基準に、３千万光年ほどまでは赤方偏移など他の手段によらずに距離を確認できるのだそうです。つまり、われわれが見ているそれらの星々は三千万年前に放たれた光だということで、それゆえに宇宙は少なくとも三千万歳にはなっていると考える根拠は十分にあるということです。そして、様々な年代測定法によって得られた岩石の年代や、放射性炭素の同位体を用いた炭などの年代測定も、地球が一万年前よりも遥か以前に形成されたという考え方を支持しています。

年代測定法としての精度は落ちますが、視覚的に、そして簡単に地球が一万年よりもずっと古い時代からあるということを確認することもできます。例えば、ハワイ諸島は太平洋プレートにのって年間5センチほどの速度で移動していることが確認されています。そして、現在のハワイ島がある地域にホットスポットと呼ばれるマグマが吹き上がってくる場所があり、その上を太平洋プレートが動くことで、ハワイ諸島の一列に連なった島々が形成されたと考えられています。島として比較的大きなカウアイ島は、現在でも火山活動が進行している東端のハワイ島から4百キロメートルは離れていますから、カウアイ島が形成されてから単純計算で数百万年は経過しているということになります。

遠くにある恒星までの距離を推定する様々な方法、そして放射性物質が崩壊していく際の半減期を元に年代を推定していく方法、プレートテクトニクスを用いた方法、これらは全て独立した理論に基づき、独立して算出されたものです。そして、それら全てのデータが地球や宇宙がたかだか数千年から一万年というような短い期間ではなく、遥かに長い年月にわたって存在してきたことを示しています。

これに異議を唱えようと思うのであれば、3千光年ほどの範囲内にある変光星とそれより遠くの変光星では物理的な性質が異なることの説明を皮切りに、物理学の非常に広範囲の領域にわたって、新たな理論を構築していかねばならないでしょう。

しかし、ちょうどネアンデルタール人が六十万年前にわれわれの祖先と分岐したという説の証拠にマークスが納得できなかったように、創造科学を信じる人々にとって、創造科学に対する反証は不十分なものなのでしょう。

ビッグバンに納得しない人々がいます。ネアンデルタール人が六十万年前にわれわれの祖先と分岐したという説に納得しない人もいます。地球が四十五億年前に作られたという説に納得しない人もいます。その点ではこれらの立場になんら異なる点はありません。それでは、(グールドには気の毒ですが) こういった考えは全て「科学的」とみなすべきか、あるいはそろって非科学的な「疑似科学」だとみなすべきなのでしょうか?

実際のところ、「科学」と「疑似科学」を原理的に分離することは不可能なように思えます。NOMAの原理は幻想でしかありません。「ネアンデルタール人が六十万年前にわれわれと分岐した」という命題は、ある人にとっては十分に科学的であり、マークスのような、より慎重な人にとっては「疑似科学」です。マークスは科学の中でも比較的不安定な要素を切り捨てることによって「疑似科学」の体系をまとめて「科学」から切り離し、より信頼性の高い科学の本丸を守り抜こうとしているのだと思います。

現時点ではこの宇宙を統合的に理解するための有力候補の一つである「超ひも理論」の正しさもまた、現時点では観測事実によって実証できていないようなので、おそらくマークスは飛び上がって「そんなのは科学ではない!」と主張することでしょう。

科学とはなにか

これまで、様々な立場の矛盾や問題点を考えてきました。そして、科学に含まれる領域を定義しようとし、(マークスほど極端ではないにせよ) 認めたくない理論をそこから排除しようとするからおかしくなるのであって、「観測事実に基づく科学」と「宗教に基づく科学」は共に科学であると考えれば、特に問題は起こらないのだと議論しました。進化論も創造科学も共に一つの理論であると認めてみます。すると、たったそれだけのことで、ややこしいことは何もなくなるのです。そうすると、ただ単に様々な理論があるだけで、今日われわれが何気なく科学と呼んでいる存在は幻想に過ぎないのでしょうか?

私はそうは思いません。

進化論と創造科学、あるいはニュートン力学と相対性理論を、それぞれ同じように科学的な理論として認めるにしても、その「科学的な価値」は異なります。進化論は化石の年代測定結果とほとんど矛盾を起こしません。それに対して、創造科学のほうは大きな矛盾を抱え込んでいます。

もちろん、年代測定で得られた結果そのものが間違っているという可能性は常にありますから、このことからすぐに「創造科学は確実に間違っている」と主張することはできません。しかし、年代測定法自体が、現在までにわかっている膨大な量の観測事実と無矛盾である物理学の体系から生み出されてきたものです。

創造科学が年代測定法の基礎となっている物理学に代わる新たな物理学体系を生み出し、様々な観測事実を矛盾なく説明してくれればよいのですが、もちろん、そんなことはできていません。よって同じ理論であっても、進化論のほうがより多くの事柄を説明できるのであり、観測事実との整合性というハードルをより多く乗り越えてきているということができます。よって、「自然現象を説明する理論」としての価値は進化論のほうが高いと結論せざるを得ないのです。

つまり、それぞれが理論であるという点では同じであるとしても、説明可能な事象の多さや観測事実との矛盾の少なさという点から、それぞれの理論に一種の点数をつけることができると考えればよいのです。これを「科学点」と呼ぶことにしましょう。すると、少なくともわれわれの周囲に広がっている自然を素直に観察する限り、進化論の科学点は、創造科学の科学点よりも上だと主張することはできます。

この章を書くに当たって伊勢田哲治氏の『疑似科学と科学の哲学』という本を参考にしましたが、この本を一冊読むだけで、科学哲学でどのような議論が行われてきたのか、そして今現在どのようなところに向かっているのかがわかります。この本は本当に参考になりました。トーマス・クーンのパラダイム論や科学的リサーチプログラム論など、さまざまな科学哲学の立場についても知識を深めることができます。

この本の中で、著者の伊勢田氏は私と同じように、「科学的な領域」と「非科学的な領域」は一刀のもとに両断できるようなものではなく、連続的に変化していくという結論に達しています。しかし、ここから氏の考えは私の考えと大きく異なってゆくのです。

氏によれば、疑似科学というのはいってみれば「禿げ」のようなものであり、「ここから疑似科学」という境界を設定することができなくても、確かに疑似科学という存在自体はあると氏は主張しています。残っている髪の毛が何本以下ならはげということが言えなくても、もうほとんど髪の毛が残っていない人のことをわれわれは「禿げている」と考えるように、「ここからは疑似科学だよ」ということが言えなくても、

「これは間違いなく疑似科学だ」と主張することはできると言うのです。

氏の言わんとしていることは認知科学の立場から理解できると思います。認知科学というのは、われわれ人類がどのように周囲の世界を理解しているかを情報処理システムを参考にしながら解き明かしていく学問ですが、伊勢田氏の主張は、あるカテゴリーがどのように形成されるかという問題に結びついてくるのです。

例えば色を考えた時に、ここからここまでが青であるという範囲を設定することは非常に困難でしょう。例えばある人にとっては青紫が「青」の範疇に入るにもかかわらず、別の人にとってはそれが「紫」であったりします。青から紫まで連続的に変化するスペクトルの中で、誰もが納得するような境界線を設定することは困難です。

しかし、境界線が不明瞭であるというとは「青」という色が存在しないということではありません。つまり、最も「青らしい青」を想定する事はできるのです。認知科学ではこのような「最も青らしい青」をプロトタイプと呼んでいます。そこで、「青というプロトタイプが存在しても、青というカテゴリーの境界線は不明瞭でありえる」と表現することができます。

そして、ここでの青についての議論を、そのまま科学と疑似科学に置き換えることも可能です。疑似科学というカテゴリーの境界線は不明瞭ですが、科学や疑似科学のプロトタイプやカテゴリー自体は存在するというわけです。

しかし、科学のプロトタイプを考えてみると、これもまた袋小路に迷い込みそうです。例えば反証可能性があることが科学の定義であるとしたら、「一番科学らしい科学」というものは設定できそうにありません。「この説は最も反証可能性があるから最も科学的である」と言うのはいくらなんでも無理があります。どちらかというと、「最も反証可能性がある」理論は信頼性の低い理論であるように思えます。つまり、反証可能性は科学のプロトタイプを規定する要因ではなさそうですね。

私個人の意見としては、むしろ、様々な自然現象の振る舞いを包括的に無理なく説明できる理論が「一番科学らしい科学」ということになります。そして、究極的に「一番科学らしい科学」を想定してみると、それは万物の基礎原理であり、あらゆる現象を無理なく説明しきってしまう理論ということになりそうです。

しかしながらこのような理論は未だ得られていませんから、「一番科学らしい科学」などというものはまだわれわれの手に届くところにはなく、どのような理論も、「ある程度科学的である」と言うことしかできません。この世の成り立ちを説明する神話も含め、どのような理論にも一抹の「科学らしさ」はあるでしょうし、逆に最新の理論を含め、どの理論も完全に「一番科学らしい科学」であるとは言えません。科学のプロトタイプは未だに不在のままで、あくまでも科学の理想像としてわれわれの頭の中に存在しています。

それ以外のあらゆる理論は、プロトタイプからある程度離れています。これを認知科学では「典型度が落ちる」と表現します。全ての理論は多かれ少なかれ典型度が落ちているのです。

「禿げ」の喩えに戻ってみましょう。

大変に失礼な話ではありますが、髪の毛の薄くなった人に「おまえは禿げている」と指摘したとします。その人がむきになって否定し、「いや、私は禿げていない。まだこんなに髪の毛が残っているじゃないか」

と反論してきた時にはどうなるでしょう。どこからが禿げているのかという客観的な基準を示すことができなければ、それは単なる水掛け論に終始します。もちろん、数の力を頼み、髪の毛の濃い人を大勢連れてきて、よってたかって「俺たちと比べてみろよ。おまえは確かに禿げているじゃないか」と主張することはできます。

ですが、これでは単なるいじめですよね。

実際のところ、進化論と創造科学の論争にもこれと似たところがあります。たしかに、われわれが観測してきた様々な事実に一致している割合は、進化論のほうがはるかに高いということに関しては、否定のしようがありません。つまり、進化論のほうが「科学点が高い」のであり、伊勢田氏の表現を借りるのであれば「髪の毛が濃い」わけです。認知科学では進化論の方が科学としての典型度が高いと表現するでしょう。しかし、だから創造科学が疑似科学で、進化論が科学だと主張することは間違っています。

早い話、先に紹介したジョナサン・マークスはわれわれが一般に「科学的である（禿げていない）」とみなしている領域ですら、「これは科学的ではない（禿げている）」と主張しているのです。下手をすると、進化論は創造科学の巻き添えになって疑似科学の領域におとしめられてしまう可能性だってあります。ですから、「現在わかっている範囲内で考えるのであれば、創造科学よりは進化論のほうが髪の毛が濃いよ」というところでわれわれは満足しなければならないと思うのです。これは単なる事実ですから、否定のしようがありません。

たしかに「現在わかっていない知識領域」（例えば三〇世紀に生きている科学者が知っていて、われわれが知らないこと）ではどうなるかわかりませんが、そんなことは、現在、議論しようがないではありませんか。科学のプロトタイプは未だに霧の中にあり、われわれはそこにたどり着こうともがいている最中なのです。

「進化論は真実であり、創造科学は真実ではない」と言ってしまうと、「現在わかっていない」領域でも「進化論のほうが髪の毛が濃い（あるいは科学点が高くなる）ことを私は知っている」と言っているようなものです。千年後も、一万年後も進化論が最良の理論であり続けると言っているに等しいのです。そうなることは十分に考えられますが、そうなると断言してしまうと、これは明らかに行き過ぎであって、多くの宗教と同じような「私は知っている。なぜなら私は知っているからだ」という神がかり的な領域に踏み込んでしまうことになります。皮肉なことに、これは一種の宗教です。

というわけで、現在得られた知識の範囲内であれば、われわれは安心して「進化論のほうが科学点は高いよ」あるいは「進化論の方が科学としての典型度が高いんだ」と言うことができますし、それで満足しなければなりませんが、この点数は「あくまでも現在わかっている範囲での観測事実との整合性においてつけられる」という但し書きがつくということを忘れないでいただきたいのです。新しい観測事実が増えることによって、この点数は上下します。科学の典型度は、あくまでも現在得られている知識の範囲内でしか議論できないのです。

これまで議論してきたように、科学的だと言われている理論にだって、「そりゃ違うでしょう」と叫びたくなるものがあります。例えば、前述のベルクマンの定理だってどうもうさんくさく思えますし、「シマウマの縞は体表面に生じる温度差で微小気流を発生させ、体を冷やす役割を果たしている」という説がウィキペディアにも紹介されていますが、これなども、私にとっては信じ難い説です。そんなことをするよりも、いっそのこと、全身真白にしてしまった方が効果的に光を反射して涼しくなるのではないでしょうか。要するに、われわれが科学だと考えている領域にだって、かなり怪しい理論が含まれているのです。

もちろん、「科学」が「疑似科学」を排除してはならないということは、同時に（というより、むしろなおさらのこと）、「疑似科学」が「科学」を排除してはならないということでもあります。低い点数を取っている理論が高い点数を取っている理論を排除しようとしてよいはずがありません。これは完全にナンセンスですよね。

アメリカでは創造科学の信奉者が教科書から進化論を排除しようとして問題が起こったわけですが、もちろん、これは感心しないことです。ある一つの事柄に対して複数の対立する理論が提示されている時、どれか一つの説を選択しようとするのであれば、それは「最も高い点数を取っていると広く認められている説」であるべきです。進化論に反発する人々が考えるように、進化論は「一つの説」でしかありません。しかし、そこには「現時点で最有力の」と付け加えるべきです。

繰り返すようですが、これは必ずしも様々な科学的知見を素人が議論してはいけないということではありません。「創造科学の方が優れているのではないか」と疑問を呈しても構わないのです。ただ、議論自体は歓迎するべきであっても、十分に自分の理解が深まるまで、「専門家たちは間違っている」と大きなことは言わないほうがいいでしょう。あなたが専門家に挑戦する場合、専門家が間違っている可能性がないとは言いませんが、あなたが間違っている可能性のほうが遥かに高いということは頭の片隅においておくべきです。

進化論と創造科学、どちらを教科書に書くべきかという問題に話を戻すと、その教科書に対立する二つの説を併記するだけの量的な余裕があるとすれば、両者を併記することは可能でしょう。そして、進化論のほうが現時点では圧倒的に高得点をあげていることをも明記するべきでしょう。もちろん、この点数が将来も保障されているわけではないということも、付け加えてもよいのではないかと思います。

グールドの言葉を好意的に解釈すれば、彼が「権威」と呼んだものは、まさに「高得点を挙げている」ということなのかもしれません。しかし、それであればなおさらのこと、「権威」という表現は撤回するべきです。科学点と権威は何の関係もないのです。

必要とされるのは、先入観を挟まない、開かれた議論です。そのような議論を通じてのみ、われわれは科学点を公平に推定することができるのです。もし、主流とならない理論を「疑似科学」だの「とんでも説」だのと呼んで排除しようとするのであれば、それは議論を閉じたものにし、科学点の公平性すら保障することができなくなります。私はこのような状態に陥った人々をひそかに「科学教の信者たち」と呼んでいます。彼らは口では「科学」の優位性を唱えていますが、その方法論としてはまったく「科学的ではない」のです。

たしかに本当によく勉強しないと、創造科学を論破することすら困難な場合があります。しかし、それは自分自身の勉強不足以外のなにものでもありません。創造科学を論破できない人々の問題なのであって、創造科学の問題ではないのです。

ところがそんな時、人々は科学の「権威」を振りかざし、誹謗中傷をはじめとする言葉の暴力によって相手を打ち負かそうとすることがあるのです。知識を深めることによってではなく、相手を貶めるという安易な手段に頼って何が何でも勝利を収めようとします。皮肉なことに、このような宗教の中心に「科学」

が置かれてしまっているのです。

そのようなことをしなくても、進化論のほうが信頼性が高いということは十分に示せると思うのですけれどね。

神は存在するのか

さて、それでは最後に神について語りましょう。神は存在するのでしょうか？

私は「神は存在することを私は知っている」と主張する人とも、「神は存在しないことを私は知っている」と主張する人とも話をしてきました。しかし、そのどれ一つとして説得力はありませんでした。ゆえに、私は白旗を上げます。

神は存在するかだって？

――そんなことはわからないさ！

これこそが、私が正しいと思える唯一の答えです。物足りないと思う人もいるかもしれませんが、答えの出ない質問に安易に答えてしまうことは問題ではないかと、私には思えます。こういう人たちは、わからない事柄をわかったことにして、それで議論を終わりにしてしまおうとしているのではないでしょうか。

「神は存在する」と言う人からも、「神は存在しない」と言う人からも、有力であるとみなすことのできる証拠を提示されたことはありません。ですから、この二つの説は「同じ程度に信頼できる（あるいは信頼できない）」と主張せざるを得ないのです。

この宇宙にちりばめられた様々な定数が見事にバランスを保っていることは、そこに何らかの意志が働いていることを示しているのかもしれません。あるいは、ただ単にこの宇宙の様々な粒子（そして重力などの力が粒子を介してやり取りされるという意味では力も）が微小なひもの振動で説明されるということを意味しているのかもしれません。いや、そうではなく、この宇宙と同じような宇宙が無数に作り出されていて、そのうちの一つがたまたま今われわれの周囲に広がっているような素晴らしい美を紡ぎだしたのかもしれません。いやいや、この三つは互いに排除しあうものではなく、全てが正しいのかもしれません。つまり、神がこの宇宙を統べる枠組みとして超ひも理論を考え出し、そしてその枠組みの中で様々な宇宙が創造されている、という考え方です。

しかし、少なくとも現時点ではこのような事には答えようがないのです。マルチバースが本当に存在するかですって？

知りませんよ、そんなこと。

よって、少なくとも私から見て、これらの三つの説にはどれも似たような点数を与えるしかないと思うのです（念のため付け加えておきますが、超ひも理論を支持する人々はこれを実証するための実験を企画し、実行しようとしているそうです。これが成功すれば、超ひも理論はぐぐんと抜きん出ることになるでしょう！）。

しかし少なくとも一つ主張できるであろうことは、少なくとも、今日までわれわれ人類が集めてきた様々な事実を考察してみる限りでは、旧約聖書がこの宇宙に関して正しいメッセージをわれわれに送っているとは言えないようだ、ということです。

もちろん、それは旧約聖書自体が悪いということではなく、ただ単にわれわれが聖書のメッセージを正しく理解していないからなのかもしれません。グールドが科学を「マジステリウム」と表現していることは象徴的であるように思えます。

あるいは聖書自体には、日本の神話やエジプトの神話といった様々な神話以上の意味はなく、ドーキンスのように聖書という神話を完全に科学界から叩き出すべきだと考えている人々が正しいのかもしれません。

いや、そうではなく、本来のメッセージはまさに神の言葉であったものが、聖書としてまとめられる以前に何世代にも渡って口頭で伝承される過程で、そしてまたそれが文字で記録に留められた後も、ある言語からまた別の言語へと翻訳される過程で、まるで伝言ゲームのように、本来のメッセージとはかけ離れたものになってしまったのかもしれません。

しかし、理由がどうあれ、結果は結果として受け入れるしかないだろうと思うのです。旧約聖書に書かれていることを全て鵜呑みにすることは、少なくとも現時点で知られている自然現象に関する知識との整合性という点からは、あまりお勧めできません。

表1−1　様々な立場の一覧表

	A	B	C
1．神は存在するか	Yes	Yes	No
2．旧約聖書は史実として信頼できるか	Yes	No	No
3．有力視される理論や立場	創造科学	?	無神論的科学

このことをまとめると、表１―１のようになると思います。

ここでは、二つの質問を考えています。これらの質問は必ずしも現代科学で答えを出せるものではありません。しかし、答えは必ず存在するはずです。例えば１の「神は存在するか」という質問の答えは「ＹＥＳ」かもしれないし、「ＮＯ」かもしれません。しかし、「ＹＥＳ」か「ＮＯ」かのどちらかである事は確かだと思えます。そうでないとすると、一つ考えられるのは、「ＹＥＳであり、かつまたＮＯでもある」ということですが、これはあり得なさそうですし、また「ＹＥＳでもなく、またＮＯでもない」という可能性は、禅問答を思い起こさせます。

とにかく、現時点でいえるのは、「わからない」という事だけです。「わからない」と言うのは恥ずかしい事ではありませんし、逆に「わからない」から議論してはならないというような事もありません。少なくとも、私が「わからない」と言わざるを得ない状態にあるということは、私にとっては「ＹＥＳ」である可能性と「ＮＯ」である可能性の両方を考えておかなければならないという事を意味しています。

もし、１の質問に対する答えが「ＹＥＳ」であるならば、無神論的科学者たちには退場していただかなければなりません。もう一度確認しておきますが、私はこれが現時点で答えられない質問であると考えているので、実際にドーキンスのような無神論的科学者にレッドカードを突きつける必要性は感じません。

しかし、それなら、今仮に１の質問に対する答えが「ＹＥＳ」であったとして、それで議論が決着するのでしょうか。私にはそうは思えません。それでも依然として２の質問に対する答えによって立場は分かれるからです。２の質問に対しても「ＹＥＳ」と答えなければならないのであれば、創造科学の土壇場となります。今日の科学者がどんなに反論しようとも、現時点でわれわれが持っている様々な科学的知識と、旧約聖書の両方を事実として受け入れなければならないという前提の元では、文句無しに創造科学が最も優れています。

しかし、私は2の質問に対しては「おそらくNOであろう」と答えることにしています。その根拠も既に本章で論じましたよね。

逆に1の質問に対する答えが「NO」であったとしたらどうなるでしょう。旧約聖書は神について書かれているので、「神は存在しないが旧約聖書は正しい」というのは論理として破綻していると思われます。よって、この場合は問2に対しても必然的に「NO」と答える事になります。これはまさしく、無神論的科学者の立場ですよね。ドーキンス等の著名な科学者たちは、きっとにっこりと微笑むでしょう。

このように考えてくると、論理的必然性として、Bの立場か、あるいはCの立場が有力なものとして残されるわけです。

しかし、そこから先はわかりません。ドーキンスらの言うように、神は存在しないとみなすことが正しいのかもしれませんし、神が存在していて、実は様々な被創造物に細心の注意を払っていると考えることが正しいのかもしれません。実際のところ、神と進化論が共存しても構わないと私は考えています。この点で私はインテリジェント・デザインと呼ばれる、進化論を否定しているように見える説とも袂を分かちます。むしろ、Bが正しいかCが正しいか議論をすることは現時点で不可能であり、「科学的な態度」を取りたいならば、Bの立場にもCの立場にも等しく微笑みかけるべきだと言いたいのです。そしてまた、この不可能性は、例えばNOMAの原理で表されるような「原理的なもの」ではなく、われわれが作り上げてきた科学体系の「能力不足」によっている可能性が大であり、BとCのどちらが正しいかを考えようとする事を、科学の範疇から追放するべきではないと言いたいのです。

さらに、Ａの立場に関しても、科学の枠組みというものを考えるならば、そこから排除すべきではありません。今日の知識体系から考えて、少なくとも有力とは言えないことをわれわれは断言してよいでしょう。ですから、Ａを仲間としては認める、ただし、その欠点は開かれた議論の中で公然と指摘するにとどめましょう。

それ以上のことを言うならば、それは誹謗中傷です。何よりもわれわれが大切にしなければならないもの、それは先入観や立場を超えた開かれた議論です。ですから、今日科学者の世界で有力視されている説に異論を唱えることだって許されるべきなのです。そういう人たちを非難するのであれば、それは科学教の信者になってしまったか、議論する能力がないか、あるいはただ単に面倒だと思っているのか、どれかだと思うのですが、いずれにせよ、それは決してほめられた事ではありません。

われわれ人類は、自然について実に多くのことを学んできました。もしあなたが科学教に毒されず、今日有力視されている様々な理論に真っ向から勝負を挑めば、それがどれほど難しいことなのか思い知ることになるでしょう。そのような試みでわれわれが面と向かってやっつけなければならないのは、人類史上抜きん出た数々の知性が努力して成し遂げた偉大な業績なのです。

しかし、だからといって、それが無駄なことだとは思えません。どんなに先人たちの知恵と努力の結晶が強大なものだとしても、それでもまだ、挑戦することには意味があります。大きな岩に打ち寄せては無惨にも砕かれてしまう小波のように、ただそれが打ちのめされるだけの結果に終わったとしてもです。なにしろ、そうすることで、われわれはその大岩がどれほど巨大で堅牢なものであるのかを再確認することができるわけですから。

そして、この大岩には、さらに大きく堅牢になる余地がまだまだ残されているのです。

アイザック・ニュートンは、人類は真実という名の大海を前にして浜辺で遊んでいる子供のようなものだとたとえたそうです。時折美しい貝殻を拾っては喜び、波しぶきを浴びることもあるでしょうが、まだ大海原そのものを知っているわけではありません。

また、リチャード・ファインマンは同じようなメッセージを表現するために、もっとユーモアたっぷりに次のように語ったそうです。

科学者というのは電灯の下で鍵を探している人のようなものです。どこで鍵を落としたのかと尋ねると、「どうも、向こうの暗がりで落としたようなのだが、暗すぎてよく見えないから、こっちの明るい所を探しているんだよ」と答えるのです。

われわれはもう少し、「真実」に対して謙虚であるべきです。だから、最後にもう一度だけ繰り返させてください。「それは科学的ではないからありえない」という、わけのわからない議論だけは、もうやめようではありませんか。

第二章　宇宙を考える

素朴な疑問

宇宙について語ろうと思えば、相対性理論から始めないわけにはいきません。しかし、相対性理論などもちだすと、拒絶反応を示す人が大勢いるかもしれません。

実際、相対性理論の数学的な背景は難解だと思いますし、ましてやその数学が示す物理現象を正確に理解しようとすることは非常に困難だと思います。しかし、ご安心ください。私もそんな難解な領域には踏み込めませんし、この章でそのようなことをしようと考えているわけでもありません。むしろ、ここで扱おうとしているのは相対性理論の世界観とでも呼ぶべきものかもしれません。

ところで、相対性理論には特殊相対性理論と一般相対性理論とがあります。特殊相対性理論というのは、「観測者の相対性（私から見ればあなたが動いているし、あなたから見れば私が動いているということ）」と「光の速度が一定である」という原則から出発し、時間や空間が決して不変のものではないということを暴き出した物理学の金字塔です。そして、一般相対性理論はそれをさらに発展させ、重力を「空間の歪み」ととらえることによって、重力が作用する領域での物体の運動を相対性理論の枠組みの中で理解することに成功した理論だといえるでしょう。

例えば、惑星の近くを進む宇宙船はその惑星の重力によって進路を曲げられてしまいます。ニュートンはこれを離れた物体に作用する不思議な力、名付けて「万有引力」の作用ととらえたわけですが、アインシュタインは「空間そのものが惑星によって歪められている」と考えました。つまり、宇宙船自体はまっすぐ進んでいるつもりなのですが、その「まっすぐ」自体が歪んでしまっているので、宇宙船が曲がっていくように見えるというわけです。その曲がっていく様子が、外から見ていると重力の作用を受けているように見えるということになります。

これは非常に面白い考え方ですし、例えば質量がないと考えられている光も重力の影響で曲がってしまう（ニュートン的な重力の理解では、質量がない光は重力の影響を受けません）という現象をうまく説明できます。

しかし、一般相対性理論によるこのような説明に出くわした時、私はどうにも腑に落ちなくて首をひねりました。空間の歪みが重力の正体だと言うのであれば、確かに「動いている」物体の動きを説明することはできます。しかし、「静止している」物体の動きはどう解釈したらよいのでしょうか。

それでは、これから一時期私を悩ませた「静止している物体の動き」について考えてみましょう。最初にお断りしておきますが、最後には「なんだそんなおちか」と思われるかもしれません。ですが、本書に書かれている内容も、そしてまた現代物理学の成果も、同様に批判的な視点から見るということを念頭においていただきたいと思います。

例えば、地球の表面にいるわれわれ観測者の目の前で、空中に小石が浮かんでいると考えてみましょう。面倒なことは全て省きたいので、地球の自転であるとか、月の重力の影響などは全て存在しないことにしてしまいましょう。地球は静止しており、この宇宙には地球しかありません。

さて、当然のことながら、地球の重力は地球の周囲の空間を歪めるでしょう。この小石が地球に対して動いているのであれば、地球が生み出す空間の歪みに沿って進み、結果として重力の影響を受けているように見えます。つまり、小石がゆっくりと水平に移動しているところを想像してみてください。この小石は空間の歪みにそって進行方向を変え、放物線を描くように動くでしょう。まさに「重力」が作用しているのです。

しかし、この小石が地球に対して完全に静止していたらどうなるでしょうか。相対論的に考えるのであれば、小石は「空間の歪み」に沿って移動しますが、そもそも最初から動いていないのであれば、「空間の歪み」に沿って進むこともできないのではないでしょうか。そして、それはつまり、小石を拾い上げて目の前にかかげてから手をぱっと離すと、その小石は目の前の空間に浮いたままになるということではないでしょうか。

もちろん、地上で物体の動く様子を見慣れているわれわれは、「そんなことはない」と断言できるでしょう。経験的には、「小石は重力の影響を受けるのであって、宙に浮いた小石は地上に落下するはずだ」と主張できます。地面に転がっている小石が動かないのは下の地面に支えられているからであって、地面がなくなれば地球の中心に向かって加速しながら落下していくはずなのです。つまり、小石を拾い上げてぱっと手を離せば、小石は地面に落下するのです。しかし、「空間の歪みにそって動く物体が、端から見ると力の作用を受けているように見える」と考える一般相対性理論の枠組みでは、これをどう解釈したらよいのか、そこのところが、どうにもよくわかりません。

そこで私は次のように考えてみました。そもそも、「完全に静止している」という状態などあるのだろうか。例えば小石は無数の分子で構成され、その分子が原子で構成され、原子はさらに電子や原子核、さらにはその原子核を構成する陽子と中性子、さらにこれらを構成するクォークからできていると考えられています。小石を構成する分子は熱で振動しているはずですし、電子は原子核の周りをぐるぐる回り、クォークもまた陽子や中性子の中でぐるぐる回っているようです。そうなると、このようなミクロの世界では「静止している」という状態自体があり得ないようにも思えます。静止しているという状態がないのであれば、巨視的には静止しているように見える小石だって、重力の影響を受けるはずです。

多数の素粒子が複雑に絡まり合うこの状態が想像しにくいようでしたら、こう考えてみましょう。小石などというものを考えたことが間違っていたのです。今度は電子を一つ取り出して、こいつを地球に対してぴたりと「静止」させてみましょう。そうすれば、この電子は重力を感じないのではないでしょうか？

残念ながら、これもうまくいかないのです。電子を静止させるということは、言い方を変えれば電子の位置と運動量が同時にわかっているという状態を意味します。地球を基準に考えて運動量はゼロですし、位置は電子が静止しているその場所です。しかし、量子力学はこのような状態を禁止しています。電子の位置が特定された場合、その運動量を厳密に特定することはできず、逆に運動量がわかった瞬間に、その電子がどこにいるのかを特定することはできなくなるのです。これは観測技術の不備といったような問題ではなく、素粒子の性質に関わる本質的な問題だと考えられています。つまり、ある電子の運動量が定まった場合、その電子自身にも自分がどこにあるのかわからなくなることを意味しています。まあ、電子自身が自分の存在を感知できるわけではないと思うので、これはあくまでも比喩的な表現ではありますが。いずれにせよ、これは不確定性原理と呼ばれ、量子力学の根幹をなす前提の一つです。

というわけで、粒子がある特定の空間に「静止」することはできないようです。通常、相対性理論と量子力学は相性が悪いと考えられることが多いようですが、このようなわけで、私には量子力学がなければ相対性理論は困ったことになると思えます。

重力の影響下で物質が少しでも「動け」ば、その移動の軌跡は空間の歪みによって曲がることになります。例えば単純な「振動する粒子」を考えてみましょう。この粒子の振動を考える際に、このような表現が分かりやすいかどうか分かりませんが、地球の重力が作用する方向を「下」として、粒子の振動はそれに垂直な1次元方向とし、これを「左」と「右」としてみましょう。あなたが地上に立っているとして、あなたにとっての下がこの粒子にとっても「下」で、あなたが水平に両腕を広げた時、左腕が伸びている方向がこの粒子にとっても「左」、そして右腕が伸びている方向がこの粒子にとっても「右」です。実験開始の段階で、この粒子はあなたの両腕が伸びている方向にだけ振動する、そんなちょっと変わった粒子なのです。

さて、この粒子は実験開始の段階で「左右」に振動しているわけですが、「右」に行った時に空間の歪みに沿って少しだけ地球の方に曲がり「やや右下」に運動の方向が変わります。あなたの右腕が伸びている方向よりも少し下に向きを変えてしまうのです。そして今度は「左」に折り返し、またさらに地球の方に曲がって「左下」に向かう、という形で少しずつ「下」向きの速度成分が増えていきます。あまりに振動の幅が小さすぎて、あなたの目に粒子が「左右」に振動している様子が見えなかったとしても、下向きに加速している様子は見えるでしょう。つまり、全体としてみると、静止していた粒子が地球の方に加速していくように見えるはずです。

さて、ここまでの説明をどう思われたでしょうか。

実際のところ、一般相対性理論に関する解説で出てくる「空間の歪みに沿って」という表現は、測地線に沿って物体が動くと言っているので、速度についての議論と混同するべきではありません。ただし、「物体が空間の歪みに沿って運動する」という時には注意しなければなりません。「空間の歪み」はただ単に空間がねじ曲がっているのではなく、伸びたり縮んだりといった変化を伴います。

このように、相対性理論にまつわる様々な問題を、いろいろな角度から見ていくこと、それがこの章を書いた最大の目的です。そのようなことを通じて、相対性理論がイメージしやすくなるのではないかと思うのです。

理論の美しさ

興味深いことですが、この宇宙を支配する（と科学者の多くが考えている）理論に、多くの理論物理学者は美を感じています。アインシュタインは相対性理論の美しさにほれ込んでいたようですが、その気持ちは相対性理論をある程度学べば、誰でも共有することができるのではないかと思います。

ニュートン力学も、それなりに見事ではあるのですが、ニュートン力学と相対性理論を比較してみると、車でいうならばT型フォードに対するフェラーリのＦ４０３、あるいは自転車でいうならばママチャリに対するロードレーサーのように、洗練された美に磨きがかかり、そこはかとなく優雅さすら感じさせるものがある……ようです。

同様に、超ひも理論の研究者たちは、超ひも理論が理論としてあまりにも美しいとため息を漏らします。正直、超ひも理論の数学的背景はよくわからないのですが、それなりに優美なのだろうなということは想像できます。その優美な世界でのふるまいが、縮れた次元等の制約の中で、だだっ子のような量子力学的振る舞いに形を変えてしまう、というわけでしょう。いずれにせよ、どうやらわれわれは自然について半ば必然的に導き出された物理学の理論に美を感じるようです。理論物理学の世界では、「美」の基準として様々な対称性を考えるようですし、確かにそれも一理あるとは思うのですが、対称性が理論物理学に見え隠れする「美」の全てであるとは私には思えません。

この美は対称性に魅せられた特殊な人々が感じるだけのものではなく、よりシンプルで優雅な理論はあらゆる人々に好まれているといっても過言ではないでしょう。今仮に、全ての観測事実を説明できる二つの理論があったとします。ちょうど、ガリレオの地動説モデルとティコ・ブラーエの天動説モデルを考えればよいでしょう。このような状況に陥った時、今日の物理学者はまず間違いなくシンプルでエレガントな理論を有力視します。

シンプルでエレガントという意味では、トップクラスといえる相対性理論ではありますが、しかし直感的な理解という点ではわれわれの感覚を嘲笑うかのようです。

たとえばこういう思考実験を考えてみてください。

いま、光速の半分で進んでいる電車Fがあったとします。この車両の真ん中にレーザー銃Aを置き、車両の先端に鏡Bを、そして後端に鏡Cを置いておくのです。図2―1ではこの実験装置がグレーで塗られていますが、この色のついた部分全体が光の半分の速さで右に向かって進んでいます。このことが図の右端にある色のついた太い矢印で表現されています。この実験には二人の観測者DとEがいますが、Dは電車に乗っており、電車と一緒に右の方向へ動いているのでやはり色がついています。これに対してEは電車の外からこの実験を観測している人物で、電車と一緒に動いていないので白く塗られています。

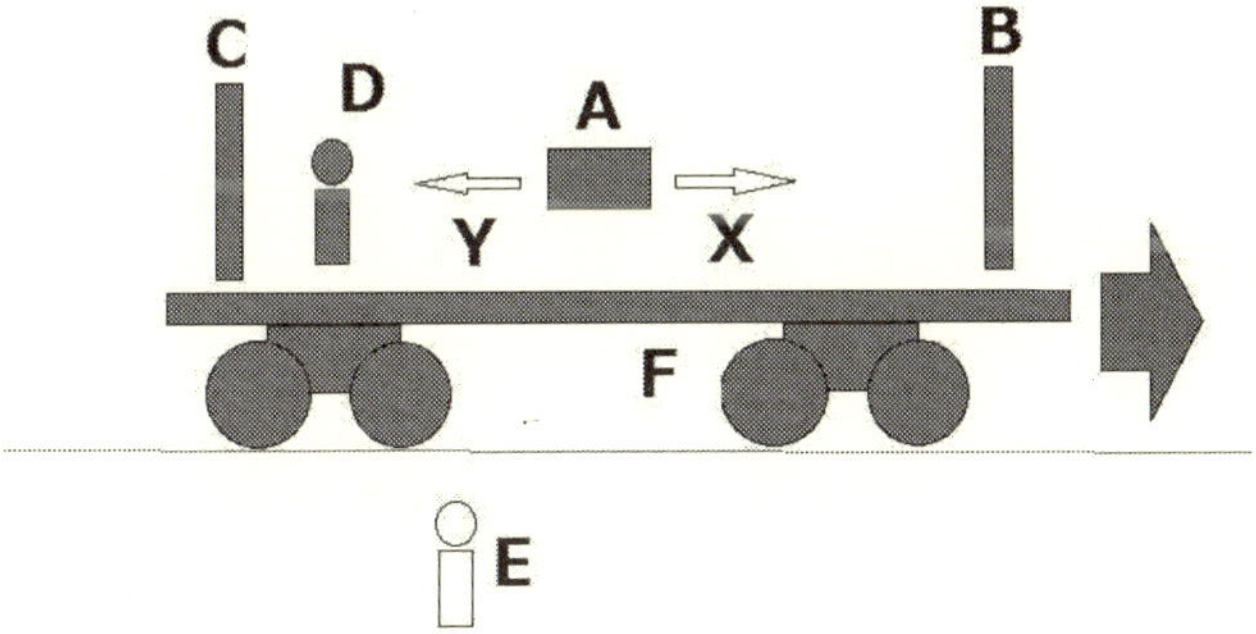

図２－１　相対性理論の思考実験

Ａから放たれた光が鏡ＢとＣに反射してＡに戻る。

それでは実験を開始しましょう。

実験開始と同時に、Ａから同時にＢとＣに向けてレーザー光線を発射します。図２－１では電車Ｆの進行方向に向けて発射された光がＸ、そして進行方向と逆、つまりは鏡Ｃに向けて発射された光がＹの矢印で表現されています。今、この実験を電車に乗っている観測者Ｄから見てみると、このＸとＹは同時にそれぞれＢとＣに達し、鏡で反射されてＡに戻ってきます。この時、ＸとＹがＡに戻ってくる時刻も同じです。

次に、この実験を電車の外から観測しているＥから見るとどうなるかを考えてみましょう。Ｅから見ても光の速さは一定ですから、Ｘが光速でＢを追いますが、Ｂのほうは光速の半分でＸから逃げていくように見えます。そのため、ＸとＢとの相対速度は光速の半分になります。逆にＡからＣへ向かう光Ｙは Ｃが光速の半分という速度で近づいてくるために、その速度差は光速の１・５倍になります。つまり、光は車両の先端にあるBよりも後端にあるCに先に到達するように見えるはずです。ところがBとCで折り返した光は、今度は立場が入れ替わります。XがBで折り返し、Aへと戻る時にはAが光速の半分の速度でお迎えにきてくれるため、AとXの相対速度が光速の1・5倍になり、逆にCから戻ってくる光Yにとっては、AとYの相対速度が光速の半分になります。要するに、AB間を往復する光にとっては往路が光速の半分の速度、復路が光速の1・5倍となり、逆にAC間を往復する光にとっては往路が光速の1・5倍、復路が光速の半分となります。そのため、いずれにせよAには同時に戻ってくることになるのです。

これが相対性理論のうまいところで、BとCという離れた場所に光が到着する時刻については異なる観測者DとEの意見は一致しませんが、同じAという地点に戻ってくる時間はどんな観測者から見ても同じになるわけです。つまり、どのような観測者から見ても「同時である」という概念は同じ地点で起こった出来事にしか通用しないものであり、異なる地点であれば、ある観測者にとって「同時」であるように見える出来事が、別の観測者には「同時でない」ように見えることがあるわけです。

これを聞いてぞくぞくっとしませんか?

私はしてやったりと思いました。この実験が論理的な整合性を持つのは、AB間の距離とAC間の距離がどの観測者にとっても同じであるからだと考えたのです。だからこそ、往路と復路とでちょうど時間差が相殺されてしまうわけです。そこで、このような都合の良い条件を捨ててしまうために次のような実験を考えました。

図2―2に示したように、今度は鏡Bと鏡Cを固定しません。実験開始時点でBとCはレーザー銃Aと同じ場所に置いておきますが、実験開始とともにBは光速の半分で右に進み、Cは光速の半分で左へと進み

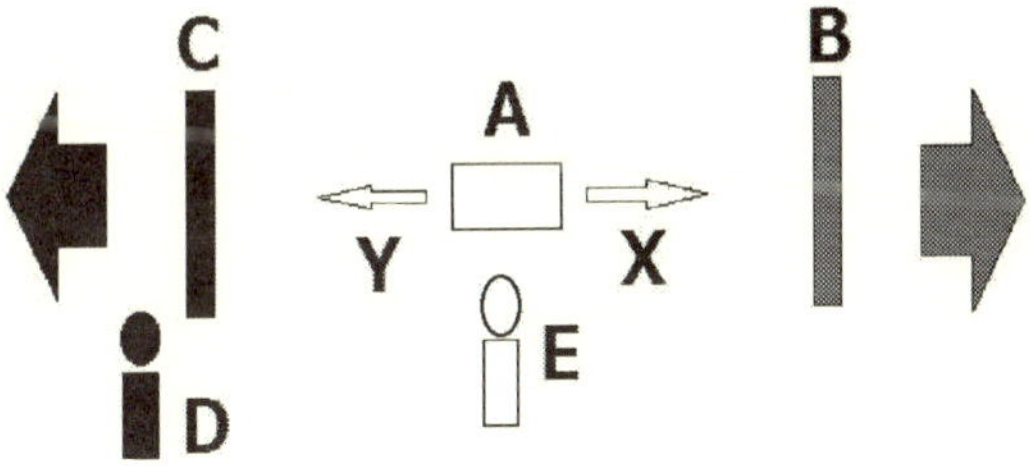

図2－2　相対性理論の思考実験2
鏡BとCはAに対して移動している。

ます。ちょうど実験が始まる瞬間に左の方からやってきた鏡Bと右からやってきた鏡CがAの前ですれ違ったと考えてください。この実験にも2人の観測者がいますが、観測者Dは鏡Cと一緒に移動しており、観測者Eはレーザー銃Aと一緒にいます。図中黒く塗られている部分が左へ、グレーで塗られている部分が右へと移動しており、白抜きの部分が中央に留まると考えてください。これはEから見た表現です。

さあ、次の実験を開始します。

実験開始後1秒でAはBとCに向けてレーザー光線を発射しました。Bへ向かう光がX、Cへと向かう光がYで表現されています。

Aに対して静止している観測者Eから見ると、BとCはそれぞれ反対方向に光速の半分で離れていきますから、AB間の距離とAC間の距離は常に等しく、レーザー光線は同時にBとCに到達しますし、そこで反射されてAにも同時に戻ってくるはずです。

ところが、Cに対して静止している観測者D（Cと一緒に動いている観測者と言っても構いません）から見るとどうなるでしょう。Eからみて Cが光速の半分で移動していたように、逆にDから見るとA は光速の半分で自分から離れていくように見えるはずです。というわけで、Dから見たAの速度は光速の半分です。しかし、Bはどうなるのでしょう。Bは「そのAから見て光速の半分」で同じ方向に離れていくので、「光速の半分」＋「光速の半分」で「光速」になる？

いいえ、違います。Dから見ると光速の80％で離れていくように見えるのです。光速の半分の速度で飛んでいる宇宙船から光速の半分の速度で打ち出された物体は光速には達せず、光速の80％にしかなりません。これは、「どんな観測者から見ても光の速度は一定に見える」という観察事実に基づいて導きだされた特殊相対性理論の結論です。つまり、Dから見た場合、「Aに対するBの相対速度」は光速の30％にしかなりません。

ここがポイントです。観測者Dから見ると、AB間の距離とAC間の距離は等しくならず、AB間の距離のほうが短く見えるはずなのです。

当然ながら、「A↓B↓Aと進む光Xと、A↓C↓Aと進む光Yは、同時にはAにたどり着かないのではないか」というのが私の予測でした。離れた場所で起きる出来事ならともかく、Aという同じ一つの場所で生じる出来事、つまりBから戻ってくる光XとCから戻ってくる光YがAに到着する時間が、「Eから見れば同時」に起こり、「Dから見れば同時ではない」とするならば、これは相対性理論にとって困ったことです。ある一つの場所で生じた出来事が観測者によって同時に見えたり、異なる時間に起きているように見えたりするというのは因果関係の完全な破綻以外の何ものでもありません。そう。これが事実ならば、相対性理論は破綻しているのです！

一度計算ミスをしてしまったこともあって、ごく短い時間ではありましたが、「相対性理論、敗れたり！」と私は本気で信じていました。

ところが、後に自分の計算ミスに気づき、改めて計算してみると、なんということでしょう。Ａ→Ｂ→Ａと進む光と、Ａ→Ｃ→Ａと進む光は観測者Ｄから見て実験開始後、約３・５（$2\sqrt{3}$）秒で同時にＡにたどり着くことが確認できたのです。ＡＢ間の距離とＡＣ間の距離とが観測者によって異なって見えるということは、この問題では矛盾を引き起こしません。興味のある人は、ぜひ計算してみてくださいね。

これは余談ですが、この実験で観測者Ｄは、光ＸとＹが同時にＡに戻る光景と、光Ｘが鏡Ｂで折り返す光景を同時に見ることになります。まあ、考えてみれば当然のことですが、とても面白い現象です。

話を元に戻しますと、この実験では特殊相対性理論に基づく計算はまったく矛盾を生み出しませんでした。これをもって、私は特殊相対性理論に負けを認めることにしたのです。たしかに、特殊相対性理論は美しいまでの理論的な整合性を持っています。

美しい理論である相対性理論は黙って受け入れればよいのかもしれません。しかし、第一章で見てきたように、それにあえて疑問を提示することが間違ったことだとは到底思えません。それは相対性理論を汚すことではなく、むしろ相対性理論に対する理解を深めることだと私は考えています。実際、私の相対性理論に対する敬意は、紹介した思考実験を経てぐぐっと深まりました。

念のため付け加えておきますが、相対性理論を論破したと言う人々は大勢います。しかし、その議論を読んでみても、正直なところ意味不明だったり、大きな勘違いをしているのではないかと思えたりします。ですから、それに続くつもりはありませんし、これから議論することは決して相対性理論を否定するものでもありません。しかし、特殊相対性理論では「相対性」が成立するにもかかわらず、これを一般相対性理論に拡張すると、どうも「相対的」なる状況が考えにくくなってしまうのではないかと思えるのです。

目がまわる！

それでは、回転するディスクに登場してもらいましょう。これはローレンツ収縮を利用したパラドックス（？）です。

いま、無重力の宇宙空間に完全に丸い円盤を用意します。そして、この円盤上の円周と半径を計測してみるのです。すると、当然ながら円周は半径の２π倍の値を示しているはずです。ちなみに、この円盤を作ったのはパプリカ星人という人々ですが、彼らが生み出す工業製品は想像を絶するような精度で加工されている事で有名ですので、円周は正確に半径の２π倍です。πは円周率を表す記号ですが、直径×円周率というのは小学校で習った公式ですよね。

さて、この円盤をすさまじい勢いで回転させてみるとどうなるでしょう。

まずは回転する円盤の外側からこの様子を眺めている観測者Aの視点で見てみましょう。

実験が始まると、Aの目の前で円盤が徐々に回転速度を上げていきます。円盤はどんどん加速を続け、今や円盤の外周は目の前を光速の半分のスピードで轟々と通り過ぎています。円盤の直径が百メートルだったとすると、円盤の外周は百πメートルです。光は秒速30万キロメートル、つまりは３×10の８乗メートルですから、ごく大雑把にいって、毎秒５×10の５乗回、つまり50万回も回転しています。このすさまじい回転によって生じる猛烈な遠心力に耐えられる物質があるかなどという、興ざめな質問には気がつかなかったことにして、どんどん先に進みましょう。

さて、円盤の速度が上がるにつれて、目の前を回転する円周にローレンツ収縮が現れ始めます。円盤の外側で静止している観測者から見て、円盤の外周が縮んでいくように見えるのです。ところが、円盤の半径のほうはといえば、こちらは円盤の運動方向と直行しているため、収縮を起こしません。つまり、円盤の外周の長さは円盤の半径をｒとした時に、２πｒではなく、それよりも小さな値になってしまうわけで、これはとりもなおさずπが変化するということです。ちょっとイメージしにくい状態ですが、半径方向の直線が歪み、円盤がそっくり返ったように見えるのでしょうか。いいえ、おそらく円盤は平らなままで、なぜか外周だけが短くなって見えるのでしょう。

ちょっとこの歪みについて考えてみましょう。私は重力レンズの作用をイメージして遊ぶことがあります。第一章でも簡単に触れましたが、重力レンズというのは強い重力をもった天体によって光の進路すら歪められ、あたかも天体の周りに広がる重力場がレンズであるかのようにふるまうという現象です。光は直進するはずなので、重力レンズ効果で歪められた光の進路は「まっすぐ」なのです。ところが、空間そのものが歪んでいるために、別々の方向に向かっていた光同士が出会ってしまうわけです。

仮にまっすぐに伸びた長く、そして力を受けてもしならない竿のようなものを持ち出せば、空間そのものが歪んでいるわけですから、この竿自体が実際にはまっすぐ伸びていて、まったく歪みがなかったとしても、なぜか竿がしなっているように見えるはずです。ですから、われわれは重力レンズを起こしている恒星に触ることなく、その向こうの物体をつつくことができるというわけです。われわれの住んでいる空間ではこのようなことが起こりえるのですから不思議ですよね。

まあ、円盤の変形もこれと類するものなのでしょう。それでもやはり、円盤の具体的なイメージはできませんが、われわれは現にこれほど不思議な空間で暮らしているのですから、そのくらいのことには目をつぶるとして、実験に戻りましょう。

確認しますが、円盤の外から観測している観測者Ａがいたとします。すると、このＡの目の前で不思議な現象が起こり、この円盤の外周は２πｒという値ではなくなってしまうわけです。それではこの同じ状態は、円盤の外周上に座っていて、円盤と共に回転している観測者Ｂから見ると、どのように見えるのでしょうか。

皆さん、もうルールはわかっていますよね。

「すさまじい遠心力のために、Ｂが放り出されてすっ飛んでいってしまわないのか」などということは、言いっこなしです。実際、この人は涼しい顔をして円盤に座り込んでいます。

さて、遠心力をものともしないＢから見ると、静止しているのは円盤であり、周囲の景色のほうがすさまじいスピードで過ぎ去っていくように見えるはずです。ですから、このＢはこういいます。

「おやおや。世界がぐるぐる回転し始めた！　なにやら目が回って、吐気がこみ上げてきたぞ」

いやあ、嘔吐物が光速の半分という猛スピードで飛んできたら……。

いえいえ。そんなことはないのです。これは思考実験。思考実験では被験者の口から昼食が飛び出してくるなどということを考えてはいけないのです。それはルール違反です。だいたい、周りの世界はすさまじい速度で動くため、とても何かの形を認識することなどできませんのでＢはそもそも酔わないかもしれませんし、この世紀の大実験に際して乗り物酔いになどなっている場合ではありません。

さて、このＢから見ると、動いている周囲の景色のほうがローレンツ収縮を起こすはずです。よって円盤の大きさはそのまま。円盤のπの大きさもそのまま。そして、周囲の世界がぐぐっと歪んでくるように見えるはずです。

問題はここなのです。例えば、円盤を動かし始める前に、円盤の外周に接するようにして、衝立を立てておくとします。この衝立は円盤と一緒に回転はしません。つまり、Ａの座標系から見て静止しています。円盤が回転し始めると、どうなるのでしょうか。

Ａから見ると、衝立の長さは２πｒのままですが、円盤の外周は２πｒよりも小さくなっています。ということはつまり、収縮し始めた円盤は衝立から離れていくように見えるはずです。*註４

ところが、この同じ状況をＢから見ると、収縮するのは衝立のほうなのです。衝立が動いているわけですから、その長さは２πｒよりも縮んでしまいます。これは円盤の外周よりも小さ

註４：
ちなみにこれは逆で、円周率がπよりも大きくなるという考え方もあります。というのは、この円周を測る物差しが円盤と一緒に動いているために縮むからという理屈です。しかし、私には、円盤の円周も物差しも両方とも高速で動いているので、両方とも縮むように見えるというのが正解であるように思えます。つまり、円周率はπのままです。もちろん、この定規を用いて円盤のすぐ外側の長さ（つまり後述の衝立）を計ろうとすれば、その円周率はπよりも大きくなるでしょう。どの物差しを使って何を計ろうとしているのかをはっきりさせないと、混乱してしまいますよね。

い距離なのですから、なんと衝立が円盤の縁をがりがりとこすりながらBに迫ってくるように見えるはずではないでしょうか。（ちなみに、もし円盤の回転によって円盤の外周が大きくなるという説のほうが正しいのであれば、Aから見たときに、大きくなった円盤が衝立をなぎ倒し始めるように見えるのではないかと思います！）

実は、この回転する座標系の例は相対性理論を説明する本では時折出てくる例なのです。ただし、衝立の部分は私が付け足したオリジナルのエピソードです。そして、それらの解説書ではほとんど常に、こう結ばれます。

みなさん、いいですか。観測者の運動状態が違うとこのように物理状態が違って見えますが、それは矛盾ではないのですよ。

しかし、本当にそうなのでしょうか。衝立が円盤を侵食してきても、本当によいのでしょうか。しかも、Aから見ると、逆に衝立から円盤が離れていくように見える、その同じ時に！

ちょっと待った！

そう叫ぶ人がいるかもしれません。そもそも、動いている円盤の外周を計測することなどできません。円盤の外周にそって巻尺を当ててみても、その巻尺は動いていないので、われわれが計測するのは「円盤の外周」ではなく、「衝立の長さ」であるということにならないでしょうか。

Aが円盤外周の長さを測りたいと思ったら、円盤に座っているBの動きを観測することです。レーダーのドップラー効果を使い、Bが一周するのに必要な時間とBの速度は計測できるはずです。そして、Bの速さとBが一周するのに必要な時間を掛け合わせてみると、あら不思議。そこで導き出される円盤外周の長さがなぜか短くなっているというわけです。この場合、円盤自体は衝立から離れているように見えないのでしょうか。「半径が変化しない」ということは、円盤と衝立が接したままであることを示唆しています。見た目の大きさは変わらないのに、どうも回転する速度と周期がかみあわない。そういうことなのかもしれません。

どういう現象がみられるのかわかりませんが、こういう実験、是非やってみたいものです。円盤を高速で回転させることを考えると、この実験は宇宙空間で行うべきでしょう。地上では円盤を支える軸が必要になりますし、その抵抗であまり回転速度が上がらないでしょうし、発生する摩擦熱でそもそも実験装置が原形をとどめなくなるでしょう。さあ、どなたかスポンサーになってみませんか？

それはともかく、ここから少しずつ本論に入っていきましょう。ここで本当に問いかけたいのは、「この円盤では本当に観測者の相対性が成立しているのか」ということです。

例えば、距離のことは考えず、ただ時間だけを計測してみましょう。

「高速で移動すると時間の流れもゆっくりになる」

と相対性理論は主張していますから、AからみるとBの時計はゆっくり進んでおり、Bから見るとAの時計がゆっくり進んでいるはずです。しかし、円盤が一周するごとにAとBは二人の時間がどのくらい進んでいるかという情報をやり取りすることができますから、どちらの時間が本当にゆっくりと進んでいるか確認することができるはずです。

Aは「動いているのはB君だから、B君の時計が遅れるはずだよ」と言うでしょうし、Bは「動いているのはA君だから、A君の時計が遅れるはずだ」と言うでしょう。実際に二人の時計を合わせてみれば、どちらかが間違っていることがわかりますが、これでは「相対性」が成立しない……のでしょうか。

残念ですが、これはパラドックスにはなりえないと思えます。というのも、Bは確かに速度を変えずに運動していますが、その方向は変化し続けています。つまり、Bは加速しているのですが、その加速の方向が進行方向と常に直角であるために、速度の変化がないように見えているだけなのです。速度のベクトル成分が変化している事を考えればBが加速している事は明らかであり、加速している観測者は相対性を主張できないことになっています。ですから、動いているのはBであり、Bの時計が遅れて見えるはずなのです。

このような事があってはいけないのですが、仮にBが実験中に吐いてしまったら、その嘔吐物はBの足下にぽとりと落ちず、光速の半分のスピードであなたに向かって飛んでくることでしょう。それは、間違いなくAではなくBのほうが動いているからです。

双子のパラドックス

それでは、これを踏まえてもう一つ、定番のパラドックスを少しいじってみましょう。

双子のパラドックスというのは相対性理論の説明には必ずといってよいほどついてまわるパラドックスもどきですが、いま、あるところに双子の兄弟がいたとします。双子の兄は宇宙船に乗って宇宙旅行をするのが好きです。それに対して、弟は宇宙空間をふわりふわりと無重力状態で漂っています。（本来の話では、弟が地球上で待っていることになっていますが、重力の影響を考えなくてすむよう、舞台を宇宙空間に移します。）これは弟の趣味で、なんでも無重力状態だと気分が落ち着くのだそうです。兄は本当に落ち着きがないので、弟のところに戻ってくるとビューンと目の前を通り過ぎ、いつもすぐに、そのまま次の探検に出かけてしまいます。まったく困ったものです。

ところである時、この二人は相対性理論の影響を実際に計測してみることにしました。兄が弟の前を通り過ぎる時を狙って、二人で時計を合わせます。この時計は絶対に狂うことがなく、そしてまた非常に短い時間まできわめて正確に計測できることで有名な、パプリカ星人が作った高価なものです。なんと、この計画に興味を持ったリッチマン一族が巨額の金銭的支援をしてくれたようです。リッチマン一族は宇宙一裕福だとうわさされていますから、パプリカ星人の時計だって用立てられるのです。そして、兄が恒星探査から帰ってきて、再び弟の前を通り過ぎる時に、兄の時計が示す時間を教えてもらうことになっていますが、実際にどちらの時計がゆっくり進んでいるか判明したら、その結果をリッチマン一族にも報告することになっています。

さて、オーソドックスな双子のパラドックスでは、「自分から見ると移動していたのは兄であり、したがって兄の時計がゆっくり進んでいるはずだ」と弟は主張できます。それに対して兄のほうは、「いや、相対性理論の原則に則れば自分が静止していて弟が動いていたとみなしてよいはずだから、弟の時計のほうがゆっくり進んでいたに違いない」と言い返します。

しかし、このような相対性は、あくまでも加速を行わない二人の観測者についてのみ成立することです。加速を行わないと二人の距離はどんどん離れていく一方ですから、同じ時間に同じ場所で二人揃って時計を確認してみることはできません。

残念ながら、兄が弟の前を通り過ぎた後、再び弟の前に戻ってくるためには、どこかで宇宙船の方向を変える、つまりは宇宙船に加速度を与える必要があります。そしてこの経験が二人の相対性を破壊してしまいます。つまり、もはや兄は相対性を主張できる静的な慣性系の観測者だとはいえないのです。

よって、兄が戻った後、二つの時計をチェックしてみれば、兄の時計のほうがゆっくり進んでいることがわかるはずです。この実験では十分な時間の遅れが生じるはずなので、兄の時計がゆっくり進むのであれば、弟の年齢が兄の年齢を追い越してしまうはずですし、そうなれば年長になるのは弟のほうです。しめしめ。

弟は当然、兄にそう主張してやろうと思いながら、ぷかぷかと宇宙遊泳を楽しんでいました。なんといっても、この兄弟が生まれ育った社会では、どんな理由であれ年長のものが常に尊重されることになっていたのです。

これまではそんなことを考えてみたこともなかったのですが、兄の時計がゆっくり進むのであれば、たとえ兄が先に生まれていたとしても、弟の方がより長く生きているという状況が生じます。そのため弟には当然自分のほうが年長だと主張する権利があり、したがってピュンピュン飛び回ってばかりいる兄に対して威張ることができるはずです。今度兄が戻ってきたら、あの落ち着きのない放浪癖を改めるように命令することすらできるのです。

ところで、弟が宇宙遊泳を楽しんでいるすぐそばには、巨大な宇宙望遠鏡が浮いていました。うわさによると、この宇宙望遠鏡はハッブル三世宇宙望遠鏡と呼ばれ、昔、銀河連邦の観測隊がここに設置して、そのまま打ち捨てていったといいます。弟はこの宇宙望遠鏡を用いて兄の宇宙船を観測することにしましたが、観測開始早々、驚くべき状況を目の当たりにします。なんと、兄はすでに方向転換を済ませて帰路についているのですが、その間起きているはずのロケットの噴射が一度たりとも行われていない模様なのです。つまり、兄は燃料を一滴たりとも使用しないで方向転換をしたということです。

弟は、はっと気がつきました。兄は恒星の重力場を巧みに利用して方向転換してのけたに違いありません。兄がとてもけちな倹約家だということは知っていましたが、まさかこれほどだとは思っていなかった弟は大慌てです。弟の自分と同じように、兄も無重力状態で旅を続けているのです。兄がいかなる加速も経験せずに向きを変えて帰途についている以上、兄もまた「動いていたのは弟のほうだ」と主張するのではないでしょうか。

いや待て。

弟は気持ちを静めようとします。兄が方向転換に用いた恒星も、それからすぐ近くに見える他の恒星も、全てが自分、つまり弟に対してほぼ静止しています。ですから、やはり動いていたのは兄のほうであるはずです。いくら兄がその重力場を感じていなかったとはいっても、窓から外をのぞけば恒星のすぐ近くを通っていることは観測できるし、その重力場に乗って方向転換していることにはかわりがありません。兄は恒星の重力場を利用して見事に方向転換しているのですから、そこに恒星があることを知っていたはずですし、知らなかったとしてもなんら事実関係が変わるわけではありません。ですから、兄が戻ってきた時にパプリカ星人の時計を比較してみれば、若いのは兄のほうで、弟の自分のほうが年上になっていることがはっきりするはずです。

弟はほっとして、「ふうっ」とため息をもらしました。しかし、それにしてもあの兄貴もなかなかすごいことを考え出すものです。加速せずに方向転換してのけるとは。少し兄に対する尊敬の念がこみ上げてきた弟は、たしかに兄が燃料を使っていないことを確認するために、ハッブル三世宇宙望遠鏡が記録した兄の軌跡をもう一度正確に計算してみることにしました。

ところが、計算が終わった弟は眉をひそめました。厳密に計算してみると、兄が方向転換に用いたはずの恒星の重力場だけでは兄の動きがどうも少しおかしいようなのです。

弟はすぐさまハッブル三世宇宙望遠鏡に付属しているデータベースを調べてみました。すると、驚くべきことに、大型のブラックホールの周りを、この一帯の恒星が細長い楕円軌道を描いて回っていることがわかりました。

な、なんと！

実のところ、このハッブル三世宇宙望遠鏡は近日点でそのブラックホールを観測するために設置されていたものだったのです。

弟はあわてました。いえいえ。銀河連邦の宇宙望遠鏡をちょっと私用で拝借したことがばれるんじゃないかと心配していたわけではありませんよ。弟が頭を悩ませていたのは、動いているのが自分なのか、それとも兄なのか、という問題です。弟にとって、どちらが年長かという問題はそれほど重大なものだったのです。

弟はブラックホールを中心にして二人の軌道を計算してみました。すると、弟である自分が少しだけ動く間に兄が恒星の周りをぐるっと大きく回りこんできたという先ほどの関係性が崩れ、なんと自分のほうが、兄よりも多く相対論的な時間の影響を受けることがわかりました。もう、こうなってくると頭が狂いそうになってきます。自分を中心に考えるとすると、動いていたのは兄であり、したがって兄の時計がゆっくり進んでいるはずです。しかし、兄を中心に考えると、動いていたのは弟である自分のほうで、自分の時計がゆっくり進んでいたはずです。自分が今いる恒星系の動きを中心に考えてみると、両方とも動いてはいますが、やはり大きく動いているのは兄のほうです。しかしまた、もっと大きなレベルでブラックホールを中心に考えると、兄も自分も動いており、動いた割合は自分のほうが多く、若干自分の時計がゆっくり進んでいるはずです。そして、そうやって頭をかきむしっている間にも、兄は着実にこちらに接近しつつあるのです。

よく考えてみると、そのブラックホールだって銀河の中心を座標系の中心におけば動いていますし、隣の銀河を中心に考えればこの銀河の中心だって動いているわけです。さて、双子の兄弟が年齢を比較する上で中心にすえるべき座標系はどこにあるのでしょうか。

結局のところ、このパラドックスが解決されることはありませんでした。というのも、頭が混乱した弟はそのまま錯乱し、ハッブル三世宇宙望遠鏡の原子炉に残っていたウランを使って核分裂爆発を起こしたのです。この核爆発は宇宙望遠鏡もろとも、弟と、そしてもうすぐ近くまで戻っていた兄の宇宙船を木っ端微塵に吹き飛ばしてしまいました。

そうそう。双子の兄弟のために巨額な出資を行っていたリッチマン一族は、この一件にとても立腹したと伝えられています。パプリカ星人の時計はあまりにも高価だったため、双子の兄弟が残した雀の涙ほどの遺産に対して債権の申し立てを行い、差し押さえた財産を総動員して賠償させたところで、所詮は焼け石に水でした。

怒り狂った一族は、この兄弟が存在していたというあらゆる記録を抹消させたということです。銀河市民登録番号から宇宙船の運転免許まで、あらゆる記録が不思議にも完全に消失しました。そのため、この兄弟が本当に実在の人物だったのかどうか、あるいは昔ながらの都市伝説にすぎないのかすらわかりません。後の科学史家にとって、この双子の物語は興味のつきない研究テーマとなりました。

この話が事実であるとするならば、それは恐ろしい報復ですが、なにしろ無限ともいえる金と権力をもっている一族です。そのような事が実際にあったのかもしれません。そして現在、ブラックホールを観測しようと待ち構えていた銀河連邦の公式記録には、原因不明の事故により、ハッブル三世宇宙望遠鏡が失われたことだけが記されています。

宇宙の膨張とパラドックス

双子のパラドックスは、重力の影響を考慮しない特殊相対性理論ではたしかに解決することができるようです。しかし、それなら重力の影響を考慮したらどうなるのでしょう。兄は明らかに重力を利用して方向転換をしたわけですが、それでも静止した観測者であると主張することはできるのでしょうか。逆に、複雑な重力場の中で複雑な軌道を描く観測者が、自分は静止していると主張できないとするならば、いったい、静止した座標系はどこに求めるべきなのでしょうか。

実のところ、ブラックホールがなかった場合、このパラドックスはもっと単純に考えることができます。先のストーリーの中では、兄がまっすぐ恒星に向かい、そこでUターンして再びまっすぐ帰ってきたかの

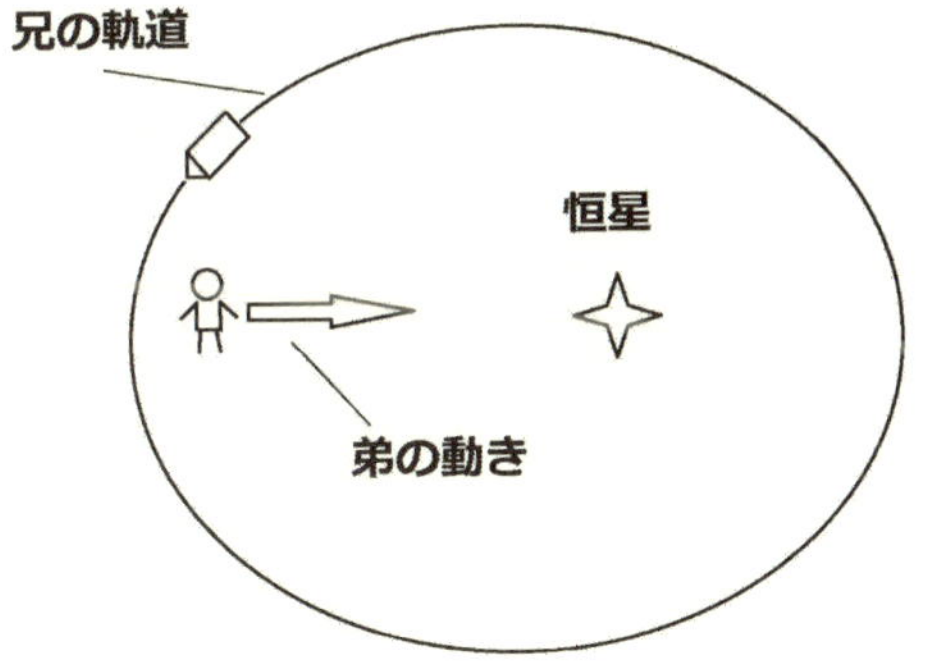

図２－３　双子のパラドックス１
兄は恒星を巡る軌道上を周回し、弟は恒星に向かって進む

ようにほのめかしましたが、そもそもそこに間違いがあります。

この兄が無重力状態で恒星の周りをめぐってきた、そしてまた同じ地点に戻ってきたのだとすると、この兄の動きは細長い楕円軌道になっていると考えられます。ちょうど、太陽をめぐる彗星が太陽系の外縁部から太陽の近くまでやってきて、そしてまた漆黒の闇の中へと消えてゆく、そんな軌道と同じです。

それでは弟のほうはどうでしょう。弟もまた無重力状態を楽しんでいたわけですから、実は恒星をめぐる楕円軌道（こちらは地球や木星の軌道のような、円に近い楕円軌道としましょうか）に乗っているか、あるいは恒星に向かってまっすぐに引き寄せられていたはずです。

まず、弟が楕円軌道に乗っていなかった場合を考えましょう（図２―３）。弟は兄と別れた時に、実は兄の細長い楕円軌道を横切っていたわけで、その後、弟はこの楕円軌道の内側に突き進み、最後にはそのまま恒

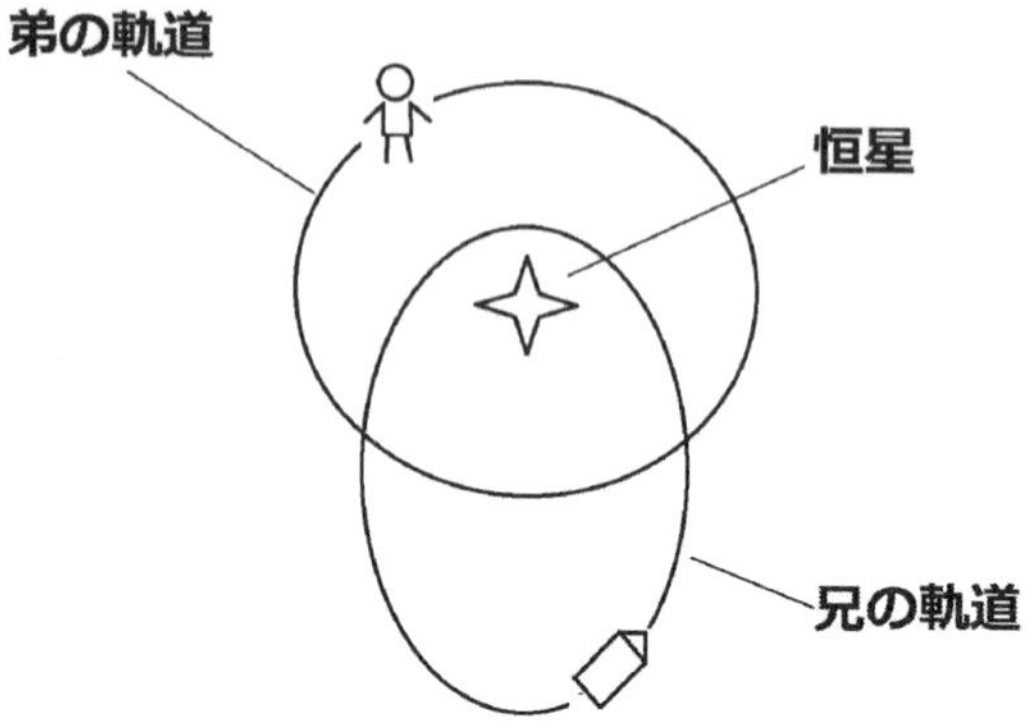

図２－４　双子のパラドックス２
兄と弟は共に恒星を巡る軌道上を周回する。

星の方に引き寄せられていくことになります。考えてみれば不思議ですよね。兄と弟の動き方を見てみると、兄のほうが速い速度で恒星に近づいているわけですが、兄は安定した軌道上に残っており、逆に弟のほうが軌道の内側に入っていったとみなすこともできるというわけです。

この状態では、兄と弟のどちらかが加速しなければ両者が出会うことはなく、パラドックスは回避できます。そして、兄は恒星の引力と加速運動による遠心力が釣り合っているため、安定した軌道上をずっとめぐり続けるのに対し、弟は数十年後か、あるいは数百年後かには、恒星に激突してしまいます。

次に、弟もまた兄と同じように楕円軌道に乗っていた場合を考えてみましょうか（図２―４）。

この場合には一度別れた弟と兄は再び出会うことができます。弟が地球で、兄が地球に激突する（というか、ぎりぎりで衝突しないような）軌道をとる彗星だと考えればよいのではないでしょうか。しかし異なる

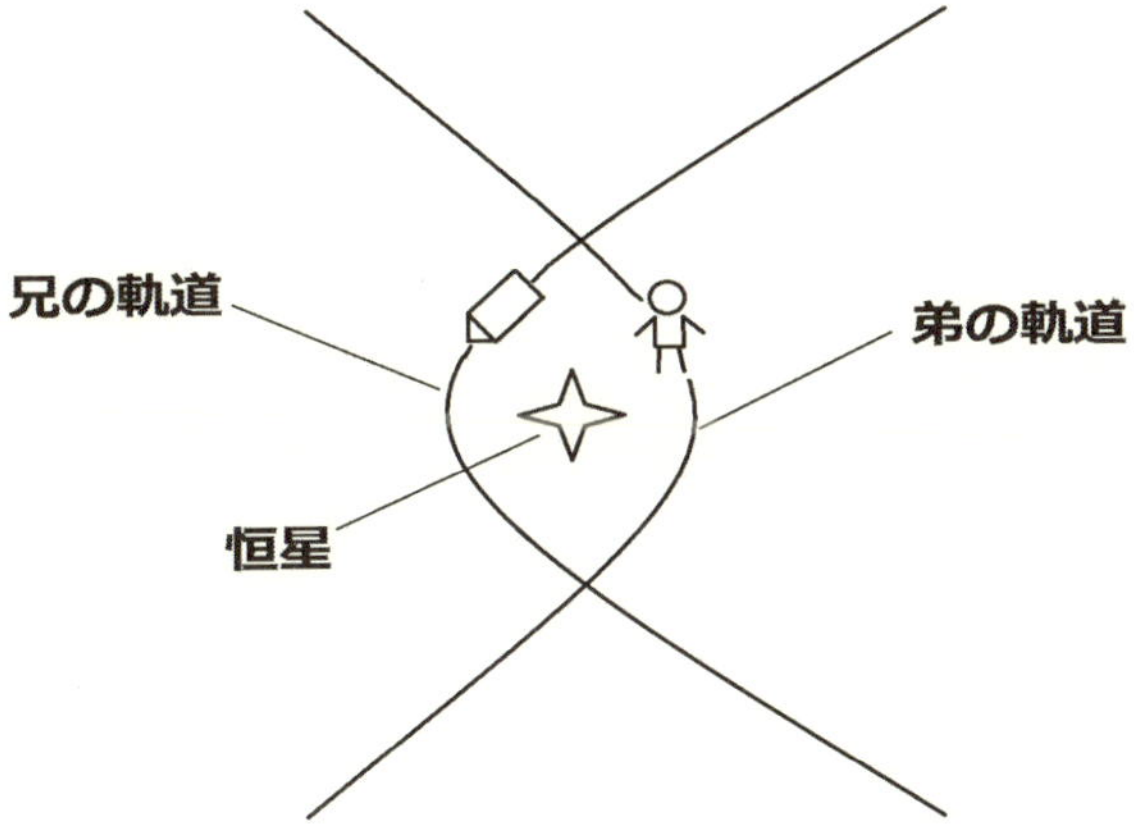

図２−５　双子のパラドックス３

恒星を間に挟み、二度すれ違う兄と弟。

軌道ではあっても、やはり恒星をめぐる二つの安定した軌道にそれぞれが乗っているわけですし、この二つの軌道は交差しているわけですから、実は似たような軌道だと言うことができるのではないでしょうか。

この二つの状況をあわせて考えれば、ひょっとすると謎を解く鍵があるかも知れないという気がしてきますね。重力場が介在する場合には、その重力場の強さと、物体がその中で動く速度から、安定した楕円軌道を定義することができます。そして、この楕円軌道の状態から、つまりは重力場の中での動きから相対性を考えるべきのようです。恒星の近くにブラックホールを置いたところで同じことです。ブラックホールは重力場をはるかに複雑なものにしてしまうでしょう。しかし、それでも安定している軌道さえ見つかれば、それを基準にして相対性を考えることができそうではありませんか。

つまり、兄と弟がそれぞれ恒星の周りをめぐる異なる軌道上にいる場合、両者は共に「動いて」いるのです。あとは兄と弟の軌道、どちらのほうがより時計が遅れるか計算すれば答えが出ます。

ところで、このパラドックスには様々なバージョンを考え出すことができます。例えば、双子の兄弟をそれぞれ宇宙船に乗せて、恒星なりブラックホールなりの近くを通らせ、その先でちょうどまた出会うように仕組んでおいたらどうなるでしょうか。

言葉では少しわかりにくいかもしれないので、図2―5を使って説明しましょう。恒星の重力レンズ効果によって相対性理論の正しさは確認されましたが、それはつまり、同じ恒星を出発した光が、それぞれ直進していたにもかかわらず、重力によって歪んだ空間を通ることで進行方向を変え、地球上でまた出会ったということを意味しています。これと同じことを二つの宇宙船にやらせたらどうなるか、ということです。

あるいは、ある自転をしない惑星が一つだけあるような空間を考えます。空間に惑星が一つしかないのに、「自転する」とか「自転しない」とかいうのも、おかしな話に聞こえるかもしれません。何を基準にして回転を計れると言うのでしょうか。しかし、とりあえず赤道付近の地表にかかる遠心力によってこの惑星の回転は計測できるはずなので、自転していないことにしておきましょう。とにかく、この惑星には高い塔があり、そのてっぺんはこの惑星を回る衛星の軌道にまで達しているのです。

さて、再び双子を呼んでくることにしましょう。この双子の片方には衛星に乗ってもらいます。そして、もう一人には高い塔の上にのぼってもらうのです。この二人に、パプリカ星人の時計を持たせたらどうなるでしょうか。

衛星上の観測者は完全に無重力状態で、ロケットの噴射も行いません。しかし、惑星の周囲をぐるぐると周回しているので、惑星上、あるいは塔の上の観測者から見て、時間の経過が遅れているように見えるはずです（今、現実とは異なりますが、動きの相対性による時間の遅れだけを考え、塔の上の観測者が経験するはずの惑星重力による時間の遅れは考えないことにします）。ところが、逆に衛星上の観測者から見ると、自分が静止していて塔の上の観測者が動いているわけですから、塔の上にいる観測者の時計がゆっくり進んでいるように見えるかもしれません。

さて、衛星が塔の脇を通り過ぎるたびに互いの時計が何時を示しているか確認し合うことにすると、どのような結果が表れてくるのでしょうか。

この惑星は自転していないという前提なので、直感的には塔の上の観測者は静止しており、衛星上の観測者が動いているように思われます。よって、時計が遅れるのは衛星の上の観測者でしょう。しかし、衛星の周囲を惑星が回っているとみなせば、動いているのは塔の上の観測者であり、時計が遅れるのは塔の上の観測者ではないのでしょうか。

衛星が惑星の周りを回っているのでしょうか。それとも、惑星が衛星の周りを回っているのでしょうか。ここでも重力を考えれば問題が解決できそうです。人工衛星と惑星のように大きく質量の異なる物体を考えた場合、両者の重心は惑星の中心近くに来ます。相対性理論風に表現するならば、人工衛星と惑星によって歪められた時空のほぼ中央に惑星が鎮座しているということになります。

ですから、たしかに厳密に考えれば惑星も人工衛星の微弱な重力の影響を受けはするものの、その動きはこの重心（あるいは時空の歪みの中心）を中心とした、ほとんどぶれのないものになるでしょう。惑星は動いていないとみなすことができるほどです。それに対して人工衛星のほうは、ほぼ惑星の中心を中心点として周回しますから、実質的に惑星の周りをまわっていると考えられるでしょう。相対速度によって時計が遅れるのは人工衛星上の観測者のほうで、惑星上の観測者ではありません。

この「動きの相対性」については、次の説で加速という概念について整理した上で、GPS衛星に見られる特殊相対性理論による時間の遅れを検討する時にもう一度考えることにしますが、結論から先に言ってしまうと、どうやら重力場が「動きの相対性」を考える上で重要な役割を果たすようなのです。

先のブラックホールを使ったパラドックスに登場してもらった兄と弟も、それぞれが自分の動きに影響を与える重力がどのようなものであるかをよく考えれば、どちらが年長になるかは結論が出たはずです。ブラックホールが恒星と比較して十分に遠く、恒星の重力が強い影響を与えるのであれば、恒星を中心に時計の遅れを考えることができたはずです。いくら太陽が銀河の中をぐるぐる回っているとしても、太陽系内部の動きに与える銀河の影響は少なく、そこで大きな役割を果たすのは太陽系の中の重力場、特に太陽の重力場でしょう。ですから、太陽系内部での相対論的効果を考えたければ、太陽がほぼ静止しているとみなし、地球が太陽の周りをまわっていると考えればよいわけです。

つまり、どのような観測者も互いに相対的であるわけではなく、両者の動きに影響を与えている重力を考える必要があります。時空の歪みに対してどのような運動をしているかが問題になると表現することもできるでしょう。ここでは、両者の相対性は崩れていると思えるのです。これは軌道がどれほど大きくても（つまり、惑星と人工衛星の関係であっても、銀河と太陽の関係であっても）言えるはずです。

加速と重力

それでは、ここまでの議論を整理して、どのようにして相対性理論がわれわれのナイーブな思考回路を破綻させようとたくらんでいるのか考えてみましょう。

相対性理論をよく考えてみれば、双子のパラドックスは回避されていると一般に信じられていますが、それは遠く離れた双子の兄弟が光速以上のスピードで情報をやり取りすることができないと信じられているからです。これまでこの章で述べてきたのは基本的にその制限を取り払おうとして考え出された方法でした。もし、光速に近いスピードで遥か遠くへと飛んでいってしまったはずの兄弟、今や遠く遠く離れているはずの兄弟が、ふと気がつくと目の前にいたらどうなるでしょう。そうなると、この兄弟は非常に短時間で情報をやり取りすることができるようになり、自分たちのこれまでの飛行経路によってもたらされた相対論的な時間の遅れを比較し、矛盾に突き当たることになってしまいます。

遠くに行ってしまったはずの兄を加速させることなく、すぐ目の前に連れてくるごくごく単純な方法は、空間のゆがみ、すなわち重力を利用する方法です。重力によってゆがめられた空間はリーマン幾何学という非ユークリッド幾何学で記述されますが、これは平らな紙ではなく、歪んだ紙の上で描き出される幾何学と考えればよいでしょう。そこでは三角形の内角の和が１８０度ではなく、平行なはずの二つの線が互いに交わり、円周率がπよりも大きくなったり小さくなったりします。重力はこのような時空の歪みで表現されたわけですが、ここで、加速や重力について、もう少し考察を深めておきましょう。

まず、アインシュタインは重力の影響と加速度を等価なものとして扱いました。これを等価原理と呼んでいます。これ自体は正当なものだと思います。しかし、重力と加速度を完全に等しいものとして考えるのであれば、わたしは「ちょっと待った！」と叫びたくなります。

例えば宇宙船がロケットをふかして加速度を経験したとき、「これは重力の影響を受けているとみなすことができる」と主張する場合がこれにあたります。でも、おかしいですよね。加速度は加速度。重力は重力です。それによって生じる効果が類似のものであったとしても、ロケットをふかして加速している宇宙船が突如として摩訶不思議な重力場の影響を受けているわけではありません。

もう少し具体的に考えてみましょう。今、惑星アルファを出発した宇宙船が、アルファに戻ろうとして、進行方向に向けてロケットを噴射し、減速しているところを考えてみます。このロケットは減速する加速度によって進行方向に引っ張るような力を感じるでしょう。ちょうど、停止しようとブレーキをかけた車に乗っている人が前につんのめりそうになるのと同じことです。これと同時にアルファとの相対速度はどんどん小さくなっていきます（つまり、アルファから見ると減速していきます）。さらにゼロ（アルファから見ると停止）を通り越してマイナス（アルファに向かって戻ってくる）になると、宇宙船と惑星アルファの距離はどんどん縮まっていくことになります。この時、普通に考えれば、宇宙船が減速してUターンし、惑星アルファへの帰途についているのだ、とみなすことができます。

しかし、そうではなく、実は宇宙船の進行方向にブラックホールがあり、宇宙船はこのブラックホールに引き込まれないようロケットをふかしてその場にとどまっていると考えてみましょう。惑星アルファと宇宙船の関係はそのままですから、惑星アルファは最初ブラックホールから離れていくような運動をしていて、それがブラックホールの重力場のなかで徐々に減速し、やがて頂点に達したあと、今度はブラックホールに落ちてくるように見えます。つまり、ロケットをふかし始めた宇宙船はブラックホールに対して一定のスピード（つまりロケットをふかし始めた時点でブラックホールに対して持っていた初速。ゼロでもかまいません）で落ち続けているのであり、惑星アルファのほうが宇宙船に向けてどんどん加速しているように見えるはずです。

この二つのモデルは数学的に問題なく同じ状態を扱っているように見えるかもしれませんが、実際にこの二つを等価にするためにはある前提条件が必要になります。ブラックホールの重力場の強さ、あるいはブラックホールによって引き起こされる空間のゆがみは宇宙船のいる場所でも、惑星アルファのいる場所でも等しいと考える必要があるのです。

現実の宇宙では、重力の力（あるいは重力による空間のゆがみといってもよいです）はブラックホールから離れるほど小さくなっていきます。ですから普通に考えれば、惑星アルファはブラックホールから見て宇宙船より遠くにあるわけですから、より弱い重力の影響を受けているはずです。よって、アルファがブラックホールに向けて落ちてきたとしても、宇宙船はより強い重力場の中で、より速く落ちていきますから、どんなにブラックホールが遠くにあったとしても、宇宙船のロケット噴射が終了した時点でアルファが得た速度いかんによっては、アルファが宇宙船に追いつくことはなくなってしまいます。これでは、ブラックホールがなかったときのモデル（つまりロケットが単純に往復しただけというモデル）と等価ではなくなってしまいます。これを防ぐためには、アルファと宇宙船が離れているにもかかわらず、この二つの存在がある空間にブラックホールが及ぼす歪みの強度がまったく等しいと考えなければならないのです。

ややこしい例にしてしまいましたが、つまり、重力場と加速度を同一視するためには、一様な重力場（そんなものは存在しません！）を考えるか、あるいは宇宙船と惑星アルファ、そしてその間の空間が無限小であると仮定（そんなものも存在しません！）しなければなりません。

相対性理論が言っているのはそういうことではなく、重力の引っ張る力に逆らって空間的に静止している物体と、重力場のないところで加速している物体が経験する物理法則は同じであるということです。同じような時間の遅れ、同じような空間のゆがみを経験することになります。しかしそれは、日本の上だろうがブラジルの上だろうが地球上に人々が立っていられて、皆が1Gの重力を受けているからといって、地球の表面があらゆる方向に加速しているということではありません。そうではなく「加速」しているのです。

ここで「　」つきの「加速」と「　」なしの加速を使い分けましたが、「　」つきの加速は重力の影響下である物体に力を与え、その物体が重力に引きずられて落下しないように停止させておくことを意味しています。これを加速と呼ぶのは、その物体に力が加えられているからで、「　」がつくのは、それによって本来なら起こるはずの速度の変化、つまり加速が重力と相殺されることによって、実際には生じないからです。

それは、ちょうど川の流れの速さと同じ速度で上流に向かって進もうとする船にたとえることができます。このような船は川の流れと船の推進力が相殺し合い、岸から見ていると止まっているように見えるでしょう。岸から見て止まっていようとも、船は一生懸命スクリューをまわしているのです。さらに、その近くに川から突き出た杭があって、そこに漂流物が引っかかっている様子を思い浮かべてみてください。この漂流物はスクリューをまわしてはいませんが、一生懸命川上に進もうとしている船と同じ状態にあるとい

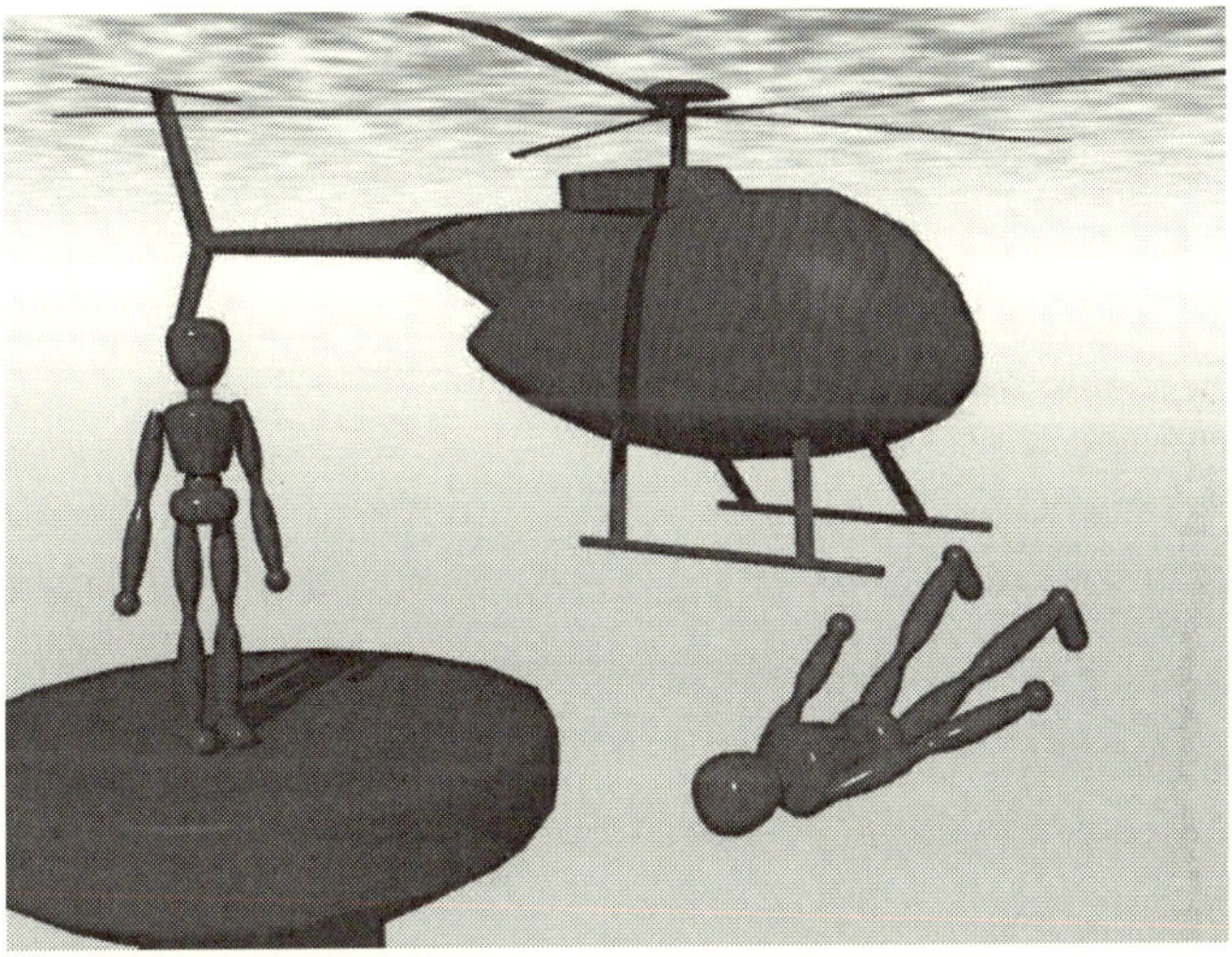

図２−６　「加速」と加速

えます。つまり、この例では川の流れが重力と同じ役割を果たしているわけで、これが「空間の歪み」、すなわち重力に相当します。

今、図２―６のようにあなたは建物の屋上か塔の上にいると想像してください。図ではあなたが木製の人形になっていますが、そこのところは目をつぶっていただきたいと思います。目の前の空間にリコプターが浮かんでいますが、あなたから見てこのヘリコプターは静止しています。そして、手前にはスカイダイビングでもしているのでしょうか、人形が一体落下していきます。

いうまでもなく、ヘリコプターはローターが掻き下ろす空気の反動によって宙に浮かんでいます。これが先ほどの「進まない船」に相当します。この状態でも重力はヘリコプターを引きずりおろそうとしていますが、ヘリコプターのローターはそれに打ち勝つだけの推進力を提供しているのです。

ここで、ローターはヘリコプターを「加速」していると定義しましょう。「　」つきの加速は重力の影響下である物体に力を与え、その物体が重力に引きずられて落下しないように停止させておくことを意味しています。前述のようにこれを加速と呼ぶのは、その物体に力が加えられているからで、「　」がつくのは、それによって本来なら起こるはずの速度の変化、つまり加速が重力と相殺されることによって、実際には生じないからです。もし、この瞬間に事故が起きてローターが吹き飛んでしまったら、その瞬間にヘリコプターの自由落下が始まります。このヘリコプターの状態は力の加わる「加速」から力の加わらない速度変化に変わるのです。

さて、それでは続いて屋上に立っているあなたに目を向けてみましょう。ヘリコプターはあなたから見て静止していますから、ヘリコプターとあなたは互いに対して運動していないと言うことができます。あなたから見てヘリコプターが空中に静止しているのと同じように、ヘリコプターから見てあなたも建物の上で静止しています。

それでは、あなたはヘリコプターと同じように「加速」しているのでしょうか。

当然のことながら、あなたについてもヘリコプターと同じことが言えるはずです。重力があなたの体を引っ張る。しかし空間的に動いてはいない。それがなぜかといえば、あなたの体は紛れもなく重力に打ち勝つだけの「加速」をしているからです。

しかし、じっと立っているはずのあなたの体が、なぜ「加速」しているのでしょうか。それはあなたが立っている建物の屋上があなたをぐいっと上に押しているからです。つまり、床があなたの体に力を及ぼし、それがあなたを上へと押し上げています。あなたとヘリコプターの「加速」は等しいので、あなたがとても太っていて、あなたの体重とヘリコプターの重さが同じなら、ヘリコプターのローターとあなたが立っている建物は、まったく同じ力を発揮しているはずです。言ってみれば、あなたは川に突き出た杭に引っかかっている漂流物と同じです。

さて、忘れずに、奥の方の落下してく人形も考えておきましょう。実際には人形に空気抵抗が作用しますが、それは無視してしまいます。そこで、人形は純粋に重力の導くまま自由落下しているとします。この人形は速度を増していきますが、「加速」はしていません。あなたから見ると地面に向けて加速しているように見えます。しかし、重力場に身を委ねているので、一般相対性理論から見ると、加速しているわけではありません。そうではなく、あなたの方が「加速」しているために、落ちていく人形が加速しているように見えるのです。

一般相対性理論に従うのであれば、加速と重力の影響は等価と言えるのですから、加速と「加速」は物理状態として同じことになります。加速には位置の変化が生じ、「加速」には生じませんが、位置の変化は副次的なものです。重力の影響は空間の中で物体が占める位置や運動状態を変化させてしまいます。

念のため付け加えておくと、先ほどもいったように、重力の強さは一様ではなく、空間の位置によって変化します。つまり、重力の源から離れれば離れるほど重力の影響は小さくなります。ですから、物体が「加速」する際に生じる「加速度」は、あなたの頭の天辺（重力の源から若干遠い地点）と足の先（重力の源に若干近い地点）ではごくわずかな違いが生じているはずです。こうした力の差を潮汐力と呼んでいます。月の影響で満潮や干潮が生じるのと同じ原理です。

こうして考えてみると、本章で登場した双子のパラドックスを読み解くことができます。この新しいバージョンでは、加速を回避するために重力を利用しているわけです。つまり、兄は重力場に身をゆだねることで加速を行わずに弟のところに戻ろうとしました。

「加速」と加速の状態が等しいとみなせるのであれば、「加速」を行わないことだって、加速を行わないことと相対性理論上で同じ状態であることを期待してよいのではないでしょうか。加速を行わなければ、二人の観測者が経験する物理状態は、相対性原理により真に等しいはずであるかのように思えます。しかし、それはどうやら認められないようです。

動いているのはどちらか

動きの相対性を考えた時に参考になりそうな現象がＧＰＳ衛星に見られる時間の遅れです。ＧＰＳ衛星はわれわれの車についているカーナビが現在地点を把握する上で不可欠な存在ですが、これらのＧＰＳ衛星の時計に狂いが生じることが知られています。

もちろん、狂いが生じる理由についても理論的に解明されています。具体的には、われわれ地上の観測者から見てＧＰＳ衛星が高速で移動しているために生じる時間の遅れ（これは特殊相対性理論的な効果です）や、われわれが地上で重力の影響下にあるためにわれわれに生じる時間の遅れ（こちらは一般相対性理論的な効果です）などがあります。

しかし、よく考えてみると、なぜわれわれが静止していてＧＰＳ衛星が動いていると言えるのでしょうか。もちろん、地球上にいるわれわれから見れば、ＧＰＳ衛星は大空の彼方を高速で突っ切っていきますので、ＧＰＳ衛星が動いているようにしか見えません。

しかし、双子のパラドックスについて検討した際に、特殊相対性理論では「加速している観測者は自分が静止しているとは主張し得ない」と主張しました。そこでよく考えてみると、われわれは地上で地球の重力を受けながら静止しています。つまり、「加速」しています。「加速」と加速が等価であるという一般相対性理論の前提を受け入れるのであれば、われわれは運動状態として加速しているに等しいことになります。これに対してGPS衛星のほうは加速も「加速」もしていません。それならば、静止していると主張できるのはわれわれではなくGPS衛星側だということになります。結論としては特殊相対性理論による時間の遅れはGPS衛星ではなく、われわれ側に生じていなければならないことになるのです。

ところが、現実は逆ですし、現実は受け入れなければなりません。GPS衛星に生じる時間の遅れという事実がある以上、動いているのは惑星ではなく人工衛星であると言い切るしかありません。

そこで「人工衛星と惑星の場合、主に動いているのは人工衛星であって、惑星のほうはほとんど動いていない」ということを認めることにしましょう。地球の方がはるかに巨大ですし、地上の観測者とGPS衛星の関係を見る限り、この両者が相対的ではないと主張するためにはこの「質量の大きさ」がキーになると判断せざるを得ないようです。

しかし、このような考え方には強い違和感を覚える方が多いでしょう。特殊相対性理論のどこを見ても運動状態を規定する質量という概念など顔を出しません。しかし、一般相対性理論では質量の大きさが時空の歪みに直結してきます。そして、この時空の歪みこそが何が動いていて何が動いていないかを判断するファクターになると思われるのです。

要するに、「動いている」か「動いていない」かは、その空間に生じている重力場、つまりは空間の歪みに対してどのような動きをするかによって決まるということです。この歪みを基準にしてわれわれは静止した座標系を定義することができます。

重力場や加速を考慮しない特殊相対性理論では、どちらが「自分は静止していて相手が動いている」といってもよかったのですが、一般相対性理論まで拡張されて重力場が考慮に入ると、このような理屈は成立しなくなります。

地球の付近で支配的な重力場、つまり空間の歪みは地球によってもたらされています。もちろんGPS衛星も少しは空間を歪めますが、その貢献はごくわずかです。重力場全体を見た時に、その中心に地球が鎮座し、その周辺に広がる歪んだ空間の中をGPS衛星がぐるぐると周回しています。そこで、地球に対して静止している地上の人間は、「加速」しているにもかかわらず、「自分が静止していてGPS衛星が運動している」と主張できるわけです。

それでは、本当に相対的だといえる動きが存在するかどうかを検討してみましょう。

つまり、周囲に恒星も何もない、ただ兄と弟しかいない状況で、兄と弟が離れていったらどうでしょう。言うまでもなく、われわれの近くにある別のブレーン宇宙や、ダークマター（それぞれ一章を参照してください）も存在することを禁止します。本当に兄と弟、それだけで構成される空虚な宇宙を考えるのです。

このような状況では、兄は「自分は静止しており弟が動いている」と言えるだろうし、弟もまた「自分が静止しているのであって、動いているのは兄だ」と言えるかもしれません。

ところが、どのような観測者も質量を持たなければなりません。それがどれだけ弱かったとしても、重力場を生み出さない観測者は存在しないのです。

もし仮に兄が地球と同じ程度の質量を持ち、弟がＧＰＳ衛星と同じ程度の質量を持つのであれば、まさに地球とＧＰＳ衛星との関係性がそのまま兄と弟の関係性に適用されるわけです。動いているのは弟だということになります。

それでは次に、弟の質量を少しずつ増やしていって、ついには弟も兄と同じ地球程度の質量を持ったとしてみましょう。この場合、兄と弟は連星のように互いの周囲を周るような運動をしているでしょう。兄弟が周囲の空間を歪めながら、互いにその歪みの中に捕われて運動している状態です。そして、この場合には兄弟に生じる時間の遅れは等しいと判断できます。共に重力場に対して静止しておらず、同じような運動をしているからです。

このようにして考えてくると、結局のところ相対的な動きなど存在しないだろうと考えることができます。互いに相対速度を持つ二人の観測者がいたとして、この両者が時空の歪みによって再び出会えたとしても、喧嘩をする必要はないのです。

次のビーチボール宇宙でも同じような問題を見ていきますが、「相対性」が成立するためには、この宇宙は必ず膨張していなければならないようなのです。

ビーチボールと宇宙の穴

さて、それでは双子のパラドックスを成立させるもう一つの方法を考えてみましょう。それはずるいと考える人がいるかもしれませんので、今度はブラックホールや恒星といった単独の天体による影響は考えません。
この場合、これまで見てきたように、相対性という概念を注意深く扱わなければならなくなるからです。そのかわり、今日の宇宙論で示唆されるように、宇宙全体の重力場によって空間が緩やかにカーブし、ちょうどビーチボールのように閉じている空間を考えます。この宇宙では物質が均等にばら撒かれていると考えてください。すなわち、本当の宇宙がそうであるような、微視的レベルでの空間の凹凸は存在しません。そのかわり、宇宙に薄く広がっている物質全体が一様な、そしてあくまでも滑らかな空間の歪みを作り出しています。

必要であれば次のような宇宙を考えてください。この宇宙ではダークマターが完全に一様に分布しています。ダークマターは通常の物質と相互作用しないので、移動物体はその中を進んでも抵抗を受けることはありません。ただ、何も見えず、何も感じない宇宙なのですが、一様な重力場の歪みだけがあります。興味深いことに、この歪みは一様ですから、宇宙空間を進む物体が、ある特定の方向に引っ張られるようなことはありません。強いて言うならあらゆる方向に一様に引っ張られるような宇宙です。ですから先ほどせっかく登場してもらいながら悲劇で終わってしまった双子の兄弟のように、どちらか一方が局所的な重力場の影響を受けているといったことを考慮する必要はありません。宇宙のどこへ行っても空間の歪みは等しく、表面が完全に滑らかなビーチボールになっているわけです。

さて、ビーチボールの上を歩いていくアリさんは、ひたすらまっすぐ進んでも、やがてぐるりと一周して元の場所に戻ってきてしまいますよね。二次元と三次元の違いはありますが、同じように、われわれが住んでいるこの宇宙もまた閉じている可能性があります。そしてまた、われわれが現在想定しているビーチボール宇宙では、実際に空間がビーチボール状になっていると仮定しています。ビーチボール上をぐるぐる歩き続けるアリと同じように、このような宇宙では、まっすぐ進んでいるつもりが、いつの間にか出発点に戻ってきてしまうのです。

さあ、双子に登場してもらおうではありませんか！

幸いなことに、仮にわれわれの宇宙を構成している空間が3次元のビーチボールだったとしても、この実験は失敗します。というのも、宇宙は凄まじい勢いで膨張しているからです。

いま、アリさんがビーチボールの上を秒速1センチメートルで歩いていたとします。意地悪な人がこのビーチボールに空気を入れてどんどん膨らましており、その円周が毎秒2センチメートルの割合で膨張していると、アリさんは、歩いても歩いても元の場所に戻ることはできません。これは難しい計算ではありません。アリさんが歩き始めたときにこのボールの円周が1メートルあったとすると、ビーチボールが膨らみさえしなければ、アリさんは百秒で一周できますが、一秒あたり2センチメートルでボールが膨らんでいると、アリさんが歩き始めてから百秒経過する間に、ボールの円周は3メートルに膨らんでしまうのです。

これでは、実験開始後1メートルしか進んでいないアリさんは、円周のわずか1／3しか歩いていないことになり、目の前にはまだ歩かなければならない距離が2メートルも残っています。次の百秒でアリさんはさらに1メートル進みますが、ボールの円周は5メートルになっています。つまり、2／5周制覇です。

そして、まだゴールまで3メートルもあるのです。

かわいそうなアリさんは、いつまでたってもゴールするどころか、ビーチボールの半分を歩ききることとすらできません。というのも、ビーチボールはアリの歩くスピードの二倍の速度で膨張し続けているからです。つまり、アリが制覇できるのは、その時々の宇宙の円周から初期状態の円周である1メートルを引いて、その値を2で割った距離ということになります。

さて、この話には実は問題点が一つあります。というのも、ビーチボールの膨らみ方が一定ではないという間違った条件設定が知らず知らずのうちに入り込んでいたからです。ビーチボールが一定の割合で膨らむのであれば、アリが既に踏破した距離も膨らみ続けますから、見かけ上、アリのスピードは秒速1メートルを上回ってしまうのです。つまり、「アリの実際の速度」と、「既に踏破した部分が膨らむ速度」がこのビーチボール上でのアリの見かけの速度ということになります。そのため、計算は上に示したものよりは複雑になりますが、アリがどんなに進んでも出発点に戻ることができないという状況には変わりがありません。

今度はこの問題を、宇宙に当てはめて考えてみましょう。例えば、今地球から遠く離れたパプリカ星を考えてみます。そう、双子に持たせた時計を作った、幻のパプリカ星人が住むという星です。

パプリカ星は宇宙が膨張することによって、ちょうど光速で地球から離れていくように見えます。赤方偏移が1・7程度の値になる、ハッブル・スフィアの一番外側です。ただし、現実の宇宙はダークエネルギーによって膨張が加速していると考えられていますが、今は議論を単純化するためにそのことは考えません。さて、このパプリカ星から地球に向けて光が放たれた時、この光は地球に届くでしょうか?

パプリカ星が地球から光速で遠ざかり、そのパプリカ星から地球へ放たれる光も光速ですから、地球から見るとこの光の速度は差し引きゼロになり、ちょうど同じ距離のところに静止してしまうように見えるはずです。パプリカ星が位置する空間そのものが地球から光速で遠ざかり、その空間上を光が光速で地球に近づくため、いつまでたっても地球には届かないという理屈です。しかし、どうやらこれは間違いのようです。パプリカ星の光は地球に届くのです。

この事を理解するためには、光速という速度は常に「与えられた空間に対しての光速」であり、なおかつ「空間は膨張している」ということをもう一度よく考えなければなりません。パプリカ星から光が放たれた瞬間には、確かにこの光がある場所は地球から光速で離れていくので、地球から見るとこの光は静止しているように見えます。しかし、宇宙の膨張によってパプリカ星は地球から離れていきます。これはつまり、「地球から見て光速で離れていくように見える空間」つまりは「ハッブル・スフィアの外郭」そのものが、パプリカ星とともに遠ざかっていくということです。パプリカ星で放たれた光は、確実にパプリカ星から地球に向かって進んできます。そうすると、「この光が進んでいる空間」の地球に対する相対速度は、光が放たれた一瞬後には、もう光速より小さくなってしまうということです。ですから、この光はゆっくりと地球に近づいてくることができるようになります。

少し見方を変えて、今度は地球からパプリカ星にレーザー光線を発射したと考えてみましょう。すると、地球から見たこのレーザー光線の速度は、地球から放たれた瞬間には光速です。しかし、このレーザー光は常に「その光が進んでいる場所」にとっての光速で進みます。光が地球から遠ざかれば遠ざかるほど「その光が進んでいる場所」自体が、宇宙の膨張によって地球に対する相対速度を持つようになります。このため地球から見ると、なんとこのレーザー光線はパプリカ星に向かって加速していくように見えるはずです。そして、最終的にパプリカ星に到着した時、パプリカ星自体は地球から光速で離れていくわけですから、「レーザー光線自体の光速」と、「地球から見たパプリカ星が置かれた空間の速度である光速」を足し合わせますので、地球から見てこの光は光速の二倍という凄まじい速度に到達しているはずです。

これは決して相対性理論に矛盾しているわけではありません。相対性理論は「どのような観測者から見ても光速は一定である」という原則から出発し、「ある与えられた空間の中で、（光速未満で移動する）物質は光よりも速くは進めない」という結論を得ているので、ある観測者に対して空間自体が速度を持つ場合には、「空間の速度」＋「物体の速度」がその物体の見かけの速度になります。実は、この点がとても重要だと思うので、記憶に残しておいてください。

というわけで、少し話は複雑になります。実際にはビーチボールのアリさんは、その出発地点から観測していると少しずつ加速してゆき、ちょうどビーチボールの反対側辺りで最大速度に達した後、今度は少しずつ減速しながら帰ってくるような状況になるでしょう。しかし、現実の宇宙は非常に広大で、われわれから見た空間の速度も光速をはるかに超えてしまいますから、われわれが永遠の命を持っていたとしても、やはり宇宙を一周して戻って来ることはできないようです。つまり、仮にこの宇宙が閉じており、まっすぐ進んでいったつもりがいつの間にか元に戻ってしまうというような宇宙であったとしても、光速以上のスピードで宇宙を駆け巡ることのできる宇宙船がなければ、意地悪をされているビーチボールのアリさんと同じで、とても宇宙を一周して元の場所に戻ってくることはできません。そして、ＳＦでは許されますが、相対性理論が指し示す宇宙の姿は、われわれに光速以上での旅行を禁じているのです。

一周することができないという状況は、現在においてばかりではなく、宇宙誕生間もない頃でも成立しています。宇宙が今よりずっと小さかった頃においても、やはり宇宙を一周するためには宇宙の膨張速度を上回るスピードで旅をしなければならなくならないのです。

ドキッとしませんか？

この宇宙全体を使った壮大なスケールで生じる双子のパラドックスを阻止するために、宇宙は膨張しているのでしょうか？　なんだか宇宙って本当に頭がよくて、私のような天邪鬼があれやこれやと矛盾を考え出そうとしても、すでに事前に様々な手を打ってそれを防いでいるように思えてきます。

しかし、仮に宇宙が縮小してしまうと困ってしまいます。縮み続けるビーチボール上でならアリさんはビーチボール一周旅行を終えることができますし、二人っきりの宇宙で兄が弟のところに戻る道も開けてくるかもしれません。どうしましょう。一般相対性理論としては、これでは困るのです。それどころか、ビーチボールの拡大速度があまりにも遅かったとしても、やはりおかしなことになります。

例えば、われわれの仮想的なビーチボール宇宙は、適当な大きさ、例えば直径1億キロくらいにすることにして、膨張速度もずっと低い値に抑えておけばよいのです。双子の兄に光の速さの1／3でこの宇宙を進んでもらうと、時速は3億6千万キロですから、二十分と経たないうちに出発点に戻ってきてくれます。この二十分間で宇宙はどれだけ膨張したかですって？

1ミリです！

さあ、困った。今度は重力の影響という点でも、動きの相対性という点でも兄弟の立場は完全に同じです。

え、なんですって？　そんな理想化された宇宙の話では納得できない？

いやいや、それなら、こちらも負けずに奥の手を出すことにしましょう。

今度持ち出すのはワームホール。すなわち宇宙の穴です。そもそも相対性理論は宇宙の穴という存在自体を嫌うそうです。というのも宇宙の穴を作り出すには一度宇宙に広がっている空間を切断し、それを別の部分とくっつけてあげなければならないからです。この時に生じる千切れた空間は特異点であり、本来、相対性理論では扱うことのできない領域です。

でもまあ、難しいことは言わないことにしましょう。

このワームホールという存在を導入してしまうと、双子のパラドックスは再び息を吹き返します。ワームホールはある空間と別の空間とを結び合わせる、いわば宇宙の離れた二点間を結ぶトンネルのようなものです。ワームホールを通れば、想像を絶する大きさを誇るわれわれの宇宙を一周することなく、元の場所に戻ってくることができるのです。

いいえ、それどころではありません。このワームホールというやつは、当然のことながら時空に生じている穴です。ということは、このワームホールを適切に作ってやれば、空間の旅だけではなく、時間の旅も可能になるかもしれません（実際、このようなタイプのタイムマシンの作り方を大真面目に議論している物理学者もいます。それは、研究が楽しいでしょう！）。ワームホールを通って時空を旅すれば、この兄は、スタートする前の自分と兄弟に出会うことができるかもしれません。こうなってくるともう、むちゃくちゃですよね。

ホーキングのように、ワームホールなど存在し得ないと主張する学者もいます。この点についてはもう少し後でまた言及しますが、正直なところ、私もホーキングには賛成です。そして幸いなことに、これまで発見されたワームホールも、一つとしてありません。ワームホールを通ってワープし、遥かなイスカンダルまで旅してしまう宇宙戦艦ヤマトだって、ただの空想物語に過ぎないのです。

次元を増やそう

相対性理論はこのように、考えれば考えるほど面白い理論だと思うのですが、次に超ひも理論を検討してみましょう。超ひも理論ではわれわれが観測する三つの空間次元と一つの時間次元だけではなく、さらに多くの次元が想定されています。なんと、10、あるいはそれ以上にも達する次元が必要だというのです。ところが、われわれが実際に観察できる次元は時間が一つ、空間が三つの計四つしかありません。そこで、超ひも理論を論じる人たちは、こう言います。

「この宇宙を構成する空間の次元は三つよりも遥かに多いが、それらの次元は小さく折り畳まれてしまっているために観測できないんだ」

ところが、この考え方が私にはどうしても納得できないのです。次元が折り畳まれるということは、それらの次元が曲率を持っているということに他ならないように思います。しかし、一般相対性理論では、曲率＝重力という解釈がなされていました。つまり、超ひも理論の理論家たちが言っていることというのは、

「この宇宙にある数多くの次元のうち、そのほとんどは正体不明の重力によるとても強い影響を受けて縮こまってしまったが、三つだけがその重力の影響を受けないか、あるいは軽微にしか受けていないのだ」

ということになると思えるのです。しかし、重力の影響は、われわれの知る三つの次元では全く同じです。

例えば地球の重力は中心から赤道に向かう方向でも、中心から北極に向かう方向でも同じ強さで広がっていきます。たしかに地球のあちこちで実際の重力の強さを計ってみると、場所によって異なる数値が出

できますが、それは地球が完全な球ではないためと、地球の内部が完全に均質ではないためですし、地球の自転による遠心力や、月のような他の天体による重力の影響も測定する重力の大きさに影響を与えます。しかし、観測された重力の細かい地域的差異は別として、重力定数自体は一定だと考えられますし、距離の関数としての重力の強さはあらゆる方向が同様に扱えます。だからこそ、地球はほぼ美しい球状を保っていられるのです。そうでなかったら、メロンパンのような平べったい地球や、フランスパンのような細長い地球が誕生していたかもしれません。

しかし、いくつかの次元が強くねじれてしまうということは、このような空間の三つの次元に見られる均質性が、なぜか他の次元に対しては当てはまらないということではないでしょうか。なぜ、他の次元は縮れてしまったのに、残された三つの次元だけはそうならなかったのでしょう。しかも、残された三つの次元がただ単に「縮れなかった」というだけでなく、完全に均質であるように見えるのはなぜなのでしょう。空間を構成する数多くの次元のうち、われわれの知る三つの次元が何らかの理由で特別なのだとすると、そもそも他の次元がわれわれが考えるような意味で「空間の次元」であると考える正当な理由すらないように思えるのです。

ただし、三つの次元だけが縮れなかったことをスーパーコンピューター上のシミュレーションでうまく説明できたそうなのですが、筆者にはその内容が理解できない（正確に言うと論文を読んだわけではないので、読んでも理解できないことは目に見えていると考えている）ので、気づかなかったことにしてしまいましょう。

では、われわれの知る4次元の時空以外に、空間でも時間でもない次元があるとして、それらの正体は

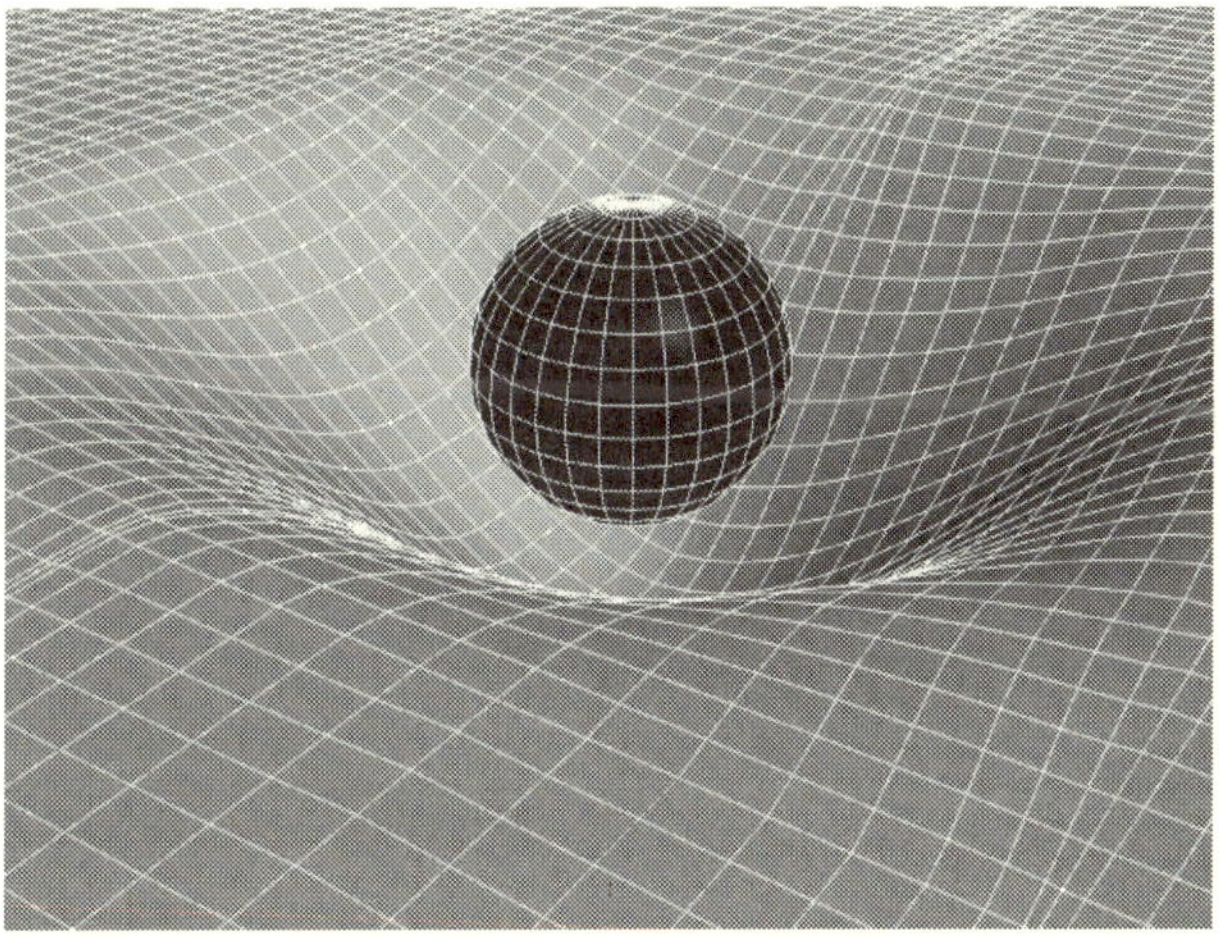

図２−７　重力場の様子

黒い球の質量でグレーで表現されている時空が歪んでいる。図中上下方向を重力次元とみなす。

いったいどのようなものなのでしょうか。

ここでまた少し考えてみましょう。われわれは重力によって時空が歪められるとこともなげに言ってしまいます。しかし、くどいようですが、時空が歪められるというのは、時空が曲率を持つということでした。つまり、言葉としての厳密性はないかもしれませんが、「ある直線が本来の長さ以上の長さを持つ」ということです。

しかし、このような「余分の長さ」は基本的には与えられた次元以上の次元がなければ存在しません。１次元のひもに曲率を与えるためには２次元の広がりが必要となります。２次元の面に曲率を与えるためには、一般論としては３次元の広がりが必要です。同様に、４次元の時空に曲率を与えようと思ったら、５次元の広がりが必要だと考えられます。つまり、４次元の時空に曲率を与えてしまう重力は、4次元空間を5次元に拡張していると考えられます。

ただ、曲率が時空そのものを5次元に拡張するわけではありません。ちょうど1次元のひもが2次元的な平面の中でうねうねとうねっていても、ひもそれ自体は1次元の広がりしか持たないように、4次元の時空は4次元のままです。

ここでもう一度相対性理論を振り返ってみると、なんのことはない。4次元空間で議論されていた特殊相対性理論を、一般相対性理論は5次元の広がりに拡張したものであると言えるのではないでしょうか。そして4次元の時空が5次元の広がりを持つことによって、時空における「相対性」が「縛り」をかけられることになったというわけです。一般相対性理論は4次元の時空の中で宇宙を記述していますが、その中にこっそりと、曲率という形で5次元が顔を出しているのではないでしょうか。

一般相対性理論の説明でよく用いられる図を考えてみましょう。図2―7では四つの次元を持つ時空が2次元の平面で表現されています。重力が存在することでその平面が漏斗状に「下」へと引っ張られていますが、この「下」は何を示しているのでしょうか。実際のところ、この図における上下方向を「重力次元」と見なせると考えてみたら面白いのではないかというのが、一言で言うならこの章で提案したいことなのです。

さらに、この新たな次元は重力のみに許されているというわけでもないでしょう。重力が4次元時空を歪める次の次元となるならば、「同様に電磁気力もまた次元と見なすことができるのではないか」と考えると、また話が面白くなってきます。ちなみに、私は電磁気力を一つの力と見なすべきではなくて、二つの異なった力と見なしてよいのではないかと思っています。

たしかに、われわれの宇宙では電場と磁場は切っても切れない関係にあるようですが、非常に高温の世界では、「電磁気力」と「弱い相互作用」もまた同様に融合してしまうと考えられています。

とするならば、電場と磁場はあくまでも通常のエネルギー領域でもまだ融合している二つの力と見なすことができ、次元としては二つの次元を考えてあげてもよいのではないでしょうか。マクスウェルの方程式は、このように日常的な領域でも融合している二つの力＝次元を統一的に記述したものとみなすことができそうですし、このような電気力と磁気力を光子という一つのボゾンで表現する量子論は、常温で融合してしまっている二つの量子を統合的に表現していると言えるかもしれません。

ここでボゾンという言葉が出てきましたが、ボゾンというのはボーズ粒子などとも呼ばれ、同じ状態に複数の粒子が仲良く落ち着くことのできる、そんな粒子です。電磁気力を伝えるフォトン（光子）、強い力を伝えるグルーオンの他、最近「発見された！」と話題になったヒッグス粒子もボゾンです。

とにかく、電気力と磁気力を分けて考えることは、ボゾンに媒介される力を次元と考える立場では重要な事だと思います。というのも、磁場と電場は異なる方向に作用しうるからです。

空間上のある一点での重力場＝重力次元の作用は方向性を持ちます。例えば地球上でわれわれに地球の重力が作用する方向はほぼ真下であって、お空の方向（真上）であったり、向こうに見える小高い丘の方向（真横）ではありません。これはつまり、重力次元がベクトルを持っているということです。

同様に電場や磁場もベクトルを持ちますし、両者のベクトルは一致しません。例えばローレンツ力が作用する物体にかかる電場と磁場は直交しています。同様に、電磁波が進行する時、電場と磁場が互いに直交するように生じています。

このことから、たとえ標準的な物理理論において電磁場が統合的に解釈され、また方程式の中でも統合的に表現されるとしても、次元という立場からはあくまで別物として扱わなければならないということが言えます。

このように考えると、今日知られている「力」を「次元」としてカウントするだけで、われわれは4次元の時空にさらに五つの次元を付け加えることができます。1次元の時間、3次元の空間、5次元の力を合わせた九つの次元が存在することになるのです。

さらにホーキングの言う「虚数時間」が実在のものであれば、時間の次元が二つとれるということになります。虚数時間をなにか魔法のようなものと考える人も多いと思うのですが、私はこのアイディアにそれほど違和感を感じません。虚数時間の「虚数」はあくまでも方程式の中で、二乗するとマイナスで表現されるというだけのことです。

具体的に虚数時間をイメージする場合には、例えば、実は時間が複素数で表現されると考えることができます。この場合、あらゆる現象が虚数時間の影響を受けます。シュレディンガー方程式では波動関数が虚数を含む複素数で表現されていますが、これは絶対値を二乗する形で粒子の確率密度を表現していると解釈されています。これと同じように、時間が複素数で表現されるとしたら、時間を表現する次元は実数次元と虚数次元の二つによって構成されることになります。この場合、時間の流れが一種の波動であることが示唆されます。

また、逆に虚数時間が特殊な物理量を表現するツールとして用いられる可能性も十分にあるでしょう。例えば、一つの考え方としては、虚数時間が光速よりも速い運動領域を表現していると考えることができます。相対性理論は光速よりも速く移動する物質を否定していません（否定されているのは光よりも遅い物質が、光速あるいはそれ以上の速度まで加速することです）し、このような超光速で移動する物質は虚数の固有時間に支配されると想定されています。この場合、虚数時間軸は光速より遅い物質にはあまり関わり合いのない時間軸ということになるでしょう。ついでに言うと、超光速粒子はその質量も虚数となり、エネルギーを失うと減速する代わりにどんどん速くなるというのですから、まったく痛快なことこの上無しです。

現実の物理学では、時間の波動性を示唆する証拠も、光速より速く移動する物体についての観測事実も今のところはありません。ですからその意味において、現代物理学の領域において虚数時間は文字通り想像上の（イマジナリーな）概念です。虚数時間に対応する観測可能な物理量はないのです。しかし、これは虚数時間が実在しないということを意味するわけではありません。より正確に言うならば、虚数時間は観測可能ではないということであって、それが実在するかどうかという問に対しては、答えるだけの情報がないというのが正しい答えだと思います。

この点についてはまた後に言及しますが、少なくともここで主張したいのは、あくまでも虚数時間というものを何かのまやかしとみなす必要はないということです。虚数時間は単に理論を構築する上で便利な道具に過ぎないのかもしれませんし、観測されないだけで確かに実在している物理量なのかもしれませんが、いずれにしても答えのでない問題に頭を悩ませても仕方がありません。とにかく、試しにこの虚数時間を想定に入れてみると、時間次元から力の次元まで全てカウントするだけで、超ひも理論が要求しているという10の次元が達成されてしまうのです。これが超ひも理論の要請を満たすかどうかはまた別の話になりますが、興味深い一致ではあります。

「次元」の姿

これまでの議論で注意しておかなければならないことがあります。注意すべきことの一つめは、「次元」を再定義する必要があるということです。旧来の次元は、例えばある粒子が置かれた座標を定義するための座標軸とでもいえるでしょう。空間上では三つの座標軸によって場所を定義することができるので「空間は3次元」であると考えられ、時間軸上では過去、現在、未来というように一つの座標軸によって時間を特定することができるので「時間は1次元」であるとされます。しかしながら、例えばここでいう重力次元はそのような次元の概念に収まりません。重力次元は空間でも時間でもないので当然といえば当然です。しかし重力次元は「静的な座標軸」とはなり得ないものの、ある物体の「運動状態を定義する」上で不可欠な要素となります。あるいは、「エネルギー分布」を定義する上で必要となる座標系であるといったほうが、明瞭かもしれません。次元についてのこの考え方は、そのまま空間次元や時間次元にも拡張することができます。

空間次元はある特定の時間におけるエネルギー密度の偏在性を定義します。例えば粒子がある場所にはエネルギーのピークがあるというわけです。空間次元と時間次元を一緒に考えることで、このようなエネルギーの分布が変化する様子を定義することができるようになります。移動する粒子は、あたかもエネルギーのピークが波となって流れていくように見えるでしょう。そして、重力次元は重力場が作用している場合のポテンシャルエネルギーを定義します。重力次元と時空次元を一緒に考えると、今度は物体に加わる加速度の様子を定義することができるようになります。さらにこれに質量が加わると、力が定義されます。

思い出してください。物体の加速は空間座標と時間によって定義されます。もう少し厳密に言うと、距離を時間で二階微分した値です。しかし時空だけでは、ある物体の位置が時間によってどのように変化するかということしか定義できませんので、位置エネルギーのような概念を定義することはできません。これを考えるためには場という考え方を導入する必要が生じていたわけです。

さらに、物体に加わる加速度や力を考える際にも時空だけでは不十分です。例えば、われわれ地球上で生活している人間は加速はしていませんが、加速度は感じています。つまり、重力次元の大きさによって、同じような運動状態を示す物体も、加速であるか「加速」であるかが分かれてくるわけです。一般相対性理論の枠組みは、４次元の時空で成立するように考えられたものなので、加速と「加速」が等価であるとみなされます。しかし、重力次元を考慮すれば、その必要はありません。重力の作用を受けて自由落下する物体は、あくまで歪んだ空間上を進んでいるだけ（その意味では等価です）ですが、その空間の歪み自体が重力次元で定義されるのです。一般相対性理論を５次元の枠組みでとらえ直すのであれば、等価原理は必要なくなり、等価原理はあくまでも５次元で生じている現象を４次元の時空に投射した場合に生じる近似として理解することができるでしょう。

さらに、重力の強さが空間の曲率を決めるということは、重力次元が空間次元に影響を及ぼすということを意味しますが、これは異なる種類の次元が相互に影響を及ぼし合うということです。例えば時間次元が空間次元に変化をもたらすということはあり得るのでしょうか。もちろん、われわれは宇宙が膨脹している（つまり時間の経過とともに空間が変化している）ことも、その膨脹速度がどうやら変化しているらしい（ビッグバン直後に生じたとされる超光速のインフレーションから、初期の膨脹、そしてそれが再び加速しつつある現在の膨脹といった変化）ことも知っています。

一般的な理解としては、これらの変化は時間軸の中での空間の変化であるというものでしょう。時間軸の中で空間が変化しているとは言っても、時間軸があることによって空間に変化が生じている、つまり時間軸の存在と空間変化に因果関係が想定されているわけではありません。しかし、相対性理論が空間の動的な変化を予測するということは、時間軸が存在するならば、そこには必然的に空間次元の変化が生じるとみなして良さそうです。同様に、ここで議論している五つの力次元は、力の作用そのものが時空に変化をもたらします。

そして二点めは、超ひも理論に関わるものです。そもそも、超ひも理論では、言わば万物を構成する最小単位である「超ひも」が、幾つもある次元の中で振動できることが重要です。われわれにとって空間は3次元しかありませんが、非常に小さな「超ひも」にとってはそれ以上の次元からなる空間があり、それだけ多くの方向に振動することができるわけです。この振動パターンが素粒子の様々な性質に反映されると超ひも理論は説明しています。

その代わりに、時空以外の次元を想定してみたわけですが、よく考えてみると、「振動」という現象自体が、時空の中でしか成立しないように思えます。例えば「超ひも」は時間軸の中で振動できるかと問われれば、振動とはそもそも空間の中で生じる時間の経過に伴う変化であると答えざるをえません。つまり、

4次元の時空で何かが振動しようとしたら、その振動方向は三つのベクトルにしか分解できません。力の次元は新たな振動方向を「超ひも」に与えることができるのでしょうか。あまりにも異質なミクロな世界のことですから、振動そのものが異質すぎてイメージできないのですが、この考え方では空間自体は3次元であり、振動方向は3次元に限られたままになってしまいそうです。

このようなわけで、力の次元の中で「超ひも」が振動するとは考えにくいように思えるかもしれませんが、逆に超ひも理論が示唆しているように「超ひもが本当に空間の中で振動しているのか」という点については、もう少し慎重に議論を進めるべきだと思えます。超ひもは観測された事象ではなく、あくまでも理論的に仮定されている存在です。本当に超ひもが存在するかどうか、われわれが直接観測して確認することができないだけでなく、その超ひもの振動もまた観測されているわけではないのです。実際に（たとえそれが現在の技術レベルでは困難なものであっても）超ひも理論が検証可能な予測を与えてくれてもいるわけですし、われわれが現実を説明するモデルとして「超ひもの振動」を持ち出すのは構わないと思います。しかしミクロの世界では3次元空間で振動する超ひもがうようよしていて、お互いにくっついたり離れたりしていると断定してしまうことは避けるべきです。

ちょうど「電気の流れ」を学ぶ時に「水の流れ」がアナロジーとして用いられるように、あるいは電子の「アイソスピン」が実際には電子の「自転」とはみなせないように、「超ひもの振動」もわれわれがイメージするような「空間の中でひもが震えるもの」とは少し様子が違っているのかもしれません。

そもそも、超ミクロの世界で超ひもが空間的な振動しているのはいいとしても、それがどう物理量に結びつくのか、私にはどうもイメージできません。それならば、様々な物理量を超ひもの空間内部での振動と定義する必要すらなく、空間以外の次元で生じる「振動」であってもよいように思います。もちろん「振動」自体が、本来は空間における「震え」のことですから、ここでいう空間以外の次元における「超ひもの振動」を認めるのであれば、「振動」の概念自体を拡張しなければならなくなりますが、マクロの世界で築き上げられたわれわれの直感的なイメージが、ミクロの世界では壁にぶち当たるということは、もう量子力学で嫌というほどわかってるはずです。

超ひもの「振動」は、われわれがイメージするように、時空の中で「小さな糸状の存在」が振動する様子とは、おおざっぱな類似性以上のものはないという可能性が考えられます。つまり、実際にはイメージできない超ひもの「振動」を、われわれは自分たちにイメージできる「空間的な振動」をアナロジーとして持ち出すことによって、なんとか理解しようとしているのであって、だからこそそれを「振動」と呼んでいるだけなのかもしれません。確かに物質の振動は3次元に限定されると考えてよいと思いますが、超ひもが存在するようなミクロの領域では、もはや物質という概念自体が成立しにくくなってしまいます。超ひもは、物質的実在を持った「ひも」ではなく、ある種の振動状態によってのみ定義される仮想的存在です。仮想的とは言っても、それが必ずしも実在しないという事ではありません。超ひもが存在するにしても、それはわれわれがイメージする「物質」とは異なる性質を持ち、われわれはその存在が持つ性質を数学的に記述することによってしか表現することができないというだけのことです。

さて、力次元について十分に考慮しなければならないと思われる点を二つほど挙げましたが、今度は逆に、力次元という考え方の美という側面について考察してみましょう。まずは、これまで議論してきた次元の数を並べてみてください。時間が2、空間が3、そして力が5というように、どこかで見たことのある数が顔を揃えています。そうです。これらは素数ですよね。

そうすると、ひょっとしたらその先に、次は七つの次元が存在している（つまり全体では17次元）のではないだろうか、とは考えられないでしょうか。例えばアイソピンのような仮想的な広がりの中での運動も、次元が時空に縛り付けられていなければ理解しやすくなるのではないでしょうか。さらに、七つの次元のそのまた次は11（同28次元）の次元が隠れているのかもしれません。超ひもの振動は、このさらに高次な次元の中での「振動」なのかもしれません。

また、エネルギーと等価である質量を定義する上で必要だと考えられているヒッグス場も同様に一つの次元とみなすことができるかもしれません。というのも、ヒッグス場というのは物質に質量を与えていると考えられる場ですが、質量はエネルギーと等価であると考えられていますので、ヒッグス場も立派にエネルギーの偏在性を定義しているからです。そういうわけでヒッグス場も次元であると考えると、1、2、3、5…と次元が連なっていくことになります。

ヒッグス場がなければ全ての量子は光速で運動することになるでしょう。光速で運動する量子はどんな観測者から見ても光速で移動しているように見えるという前提を考慮すれば、このような世界にいる観測者（そもそもそんな観測者も存在し得ないのですが）から見ると、あらゆる存在が自分から光速で離れていくように見えるはずですし、あらゆる存在の時計は停止しているはずです。

もちろん、そのような状況でも宇宙そのもの（つまり時空そのもの）は存在していたと考えることもできます。空間は存在し、その空間の中を質量のないエネルギーが光速で飛び回っている状態です。そして、時を刻む存在がなかったとしても、エネルギーの流れ自体は光速なのですから、その速度から時間を導き出すことができます。ただし、観測者の運動状態に距離や方向が依存する特殊装置性理論的なイメージを持ち込むと、もう何がなんだかわからなくなってしまいます。ここでの時空は特殊相対性理論が描き出すような観測者の運動状態に依存する存在ではなく、ある種の絶対的な基準系ということになります。

次にこの絶対的な基準系について、もう少し考えてみましょう。

時空は揺らぐ?

今度は、ハイゼンベルクの不確定性原理を一般的な量子力学的視点とはまた少し異なった視点から見てみたいと思います。ハイゼンベルクの不確定性原理についてはこの章の冒頭でも少し言及しましたが、ある粒子の運動量と位置が一定の割合で不確定性を持つというものです。運動量を正確に定めようとすると、位置がよくわからなくなってしまい、位置を正確に特定しようとすると、今度は運動量がわからなくなってしまいます。

さて、ここで位置は空間上のある特定の場所を示すわけですから、位置の精度が空間軸上での精度を示すことは言うまでもありません。それなら運動量はどうかというと、静止質量を持つ粒子の場合、速度と質量の積によって表現されます。つまり、単位は「重さ(厳密には重量ではなく質量です)」と「距離」、そして「時間の長さ」という三つの単位によって表現されます。

今、質量が特定できる粒子の振る舞いを考えると、運動量の不確実性が増すということは、その粒子が移動する速度の精度が不確実性を増すということになります。

さて、速度が不確実性を持つということは、時空そのものはしっかりとそこにあるけれど、その時空の中での粒子の振る舞いが揺らぎを持っていると考えることもできますが、逆に時空そのものに不確実性が生じていることを意味すると考えることもできるのではないでしょうか。そこで、ハイゼンベルクの不確定性原理について少しひねった見方をしてみると、微小な領域では時空そのものが定義できなくなってくるということもできます。これは粒子の持つ不確定性というよりは微小領域で時空そのものが示す性質であるという考え方です。ある微小な領域、あるいは微小な時間帯で、ある粒子の持つ運動量や位置といった性質が曖昧さを持つように見えるのは、それを測定するための基準そのものが揺らいでいるからだというわけです。

これは非常に重要な点だと思いますので、強調しておきたいと思います。相対性理論では時空がどの観測者にとっても同じように見える普遍の座標系としてではなく、観測者によって伸び縮みしてしまうものとして扱われています。既に見てきたように、ある観測者にとって同時である現象が、別の観測者には同時ではないように見えることだってあるのです。しかしそのような場合でも、座標系そのものはどんなに細かく見ていっても存在しました。相対性理論では観測者の運動状態さえ定義できれば、どんなに小さい距離であっても定義可能なのです。ただ単にその時空の中での粒子の振る舞いが揺らぎを持ち、不確定性を持つだけです。しかしながら、不確定性原理についての上の見方がもし間違っていないのであれば、時空そのものに一定の不確定性があると言え、これは例えばプランク長といったごく狭い領域では、位置情報や時間に関する情報が曖昧さを持つということになります。

量子力学では、ある量子が粒子としての性質と波動としての性質を併せ持っていると考えますが、仮に量子が持つ波動としての性質を捨ててしまった場合、得られる結論は時空が揺らいでいるというものになりそうです。

不確定性原理の物理的な意味を考える時、「ある量子が波としての性質と粒子としての性質を併せ持っていると考えることもできるが、同様に時空が波動としての性質を持っていると考えることも可能だ」という見方について議論してきました。実質的に、この二つは同じことを別の方法で表現しているだけであるように思えますし、例えばシュレディンガーの方程式に手を加える必要もないでしょう。つまるところ、振動する台座の上から周囲を見れば周りの景色が振動しているように見えるでしょうし、周囲の観測者から見れば台座そのものが揺れているわけです。台座を次元に置き換えればここで議論していることになります。しかし、あくまでも物理的なイメージとしては、微小な領域では時間軸が不確定性を持つという考え方は、筆者にとっては安心感をもたらすものです。

それというのも、場の量子論では時間を遡る粒子（反粒子）すら想定されているからです。そう、時間の流れが逆転している粒子です。最初にこの説明を聞いた時には、正直なところばかばかしく思えました。虚数時間は許せても、マイナスの時間は許せないのかとおっしゃる方もいるかもしれませんが、まったくその通りです。納得がいかないのです。もちろん、今でも納得のいかないしこりが残っています。マイナスの時間というのはその粒子の固有時間が逆転することを意味するのだろうと思いますが、それが何を意味するのかまったく理解できません。

それならいっそのこと、時間そのものがごく微小な領域では不確定性を持つと解釈するほうがすっきりとしています。厳密に言えば、このような反粒子は時間を遡っているわけではなく、時空のごく狭い領域では時間軸内での過去から未来へというベクトルが、未来から過去へというベクトルと見分けがつかなくなってしまうのであって、時間についた符号が意味をなさなくなるということです。ただし、こういった反則すれすれの現象はプランク定数に支配されたごく小さな時空領域でしか許されません。先に虚数時間について言及しましたが、そこで考えたように時間の流れが一種の波動関数で表現されるとすると、時間が持つ波動性を複素数を使って表現する時に虚数時間が顔を出します。

不確定性を持つ時空について話を進めてきましたが、似たような考え方にホイーラーという物理学者が提唱した量子泡（あるいは時空泡）という考え方があります。しかしながら、ここで「時空が揺らぐ」と表現している状況は、ホイーラーの言うような量子泡とはまた少し違ったものでしょう。ホイーラーはミクロな領域で時空が泡立つような状況を想定しています。滑らかに見えた時空が微小領域を拡大してみることができたとすると、実はざらざらだったということが見えてくるようなものです。それはエネルギーによって捩《よ》じれてしまった時空です。

これに対して、ここで考察してきた揺らぎとは、小さな領域を覗こうとすればするほど、あたかもピントが定められなくなってしまうようなものです。それは時空のスケール自体が曖昧になっていく状態であって、時空が泡立っている状態ではありません。あるいは、「時空そのものは滑らかであってよいのだが、時空上でごくわずかに離れている二つの領域が区別できなくなる」状態だと表現しても良いでしょう。

また、もう少し付け加えておくと、プランク定数が単位に質量を含むということは、質量が揺らいでいてもよいように思えます。ここまでの議論では質量は揺らがないという前提に立っていましたが、実際のところは、その必要性はないように思えるのです。先ほどヒッグス場を次元としてカウントしましたが、ヒッグス場が次元とみなせるのであれば、やはり時空同様揺らぎがあってよいように思えますし、不確定性原理もそのことを示唆しているように思えます。

ただし、このような時空の物差し自体が揺らいでしまうような条件下では方程式そのものが揺らいでしまいます。ですから、ミクロな世界を表現する際に、「時空次元自体はどこまでも細かく見ていくことができる（つまり、時空は揺らがない）が、その中で生じる粒子の振る舞いが揺らぎを持つ」と考えることは、非常に論理的でわかりやすい観点であるように思えます。

いずれにしても、この微細な不確定性はわれわれの日常を支配する物理法則には持ち込まれません。微小な領域で、様々な物理量が一定のまとまりを持つ（つまりは量子として扱える）という事実は、実は微小領域での本質的な不確実性を、それよりももっと大きな領域（つまりはわれわれの日常的な世界であり、一般相対性理論によって記述される領域）に持ち込まないための非常に巧妙な仕組みであるようにも思えてくるのです。まさにプランク定数のおかげですね。

しかしながら、このプランク定数の制約があまり役に立たない領域も想定することができます。例えば、宇宙全体の大きさが量子レベルまで縮んでしまうと、揺らぎのためにもはや宇宙の大きさや時間自体が定義できなくなってしまうように思えます。現在のビッグバンモデルではちょうどインフレーションが生じていたとされる時期ですが、ひょっとして、これは時空の揺らぎによるものなのでしょうか。

とても残念なことに、私の脳はもうこの辺りで悲鳴を上げています。ですが、この宇宙は本当によくできているという直感的な印象は捨て去ることができません。そして、こういった事柄についてあれやこれやと考えているだけで、なにやら、とてもわくわくしてくるのです。

相対的ということはどういうことか？

ここまでの議論は専門家から見たら、「ちゃんちゃらおかしくてへそが茶を沸かすわ」と笑いこけてしまうような議論なのかも知れません。しかし、素人は素人なりにいろいろと考えて楽しむ自由があるはずです。例えば、超ひも理論が「見えない次元」を扱うが故に、「科学的ではない」と考える人に対しては、「科学とは何ぞや」という一章の議論についてよく考えて頂きたいと思うのです。

その昔、人々は宇宙の絶対領域とでも呼ぶべきエーテルを考えていました。光は電磁波としてエーテルの中を伝わっていくと考えたのです。しかし、光の速度がどのような運動状態の観測者から見ても一定であるという観測結果と、その観測結果から生み出されてきた特殊相対性理論とは、ともに手を取り合ってエーテルという考え方を一刀のもとに切り捨てました。しかしながら、一般相対性理論にまで拡張すると、この章で見てきたように、どうやら全ての観測者が文句なしに相対的であるということは言えなくなるようです。これを10次元にまで拡張された時空力世界の中で考え直してみたらどうでしょう。既に考察してきたように、新たに追加された「力の次元」が観測者同士の「相対性」に一定の制限を加えているとみなせるのではないでしょうか。

回転体に生じるローレンツ収縮について考えた際には、回転体に乗っている観測者は自分が静止していると主張できないという結論を得ました。図２—８では回転する宇宙ステーションで遠心力を感じている観測者Ｂがこれに当たります。これは実際の実験で裏付けられてはいませんが、そう考えることが自然だと思われます。

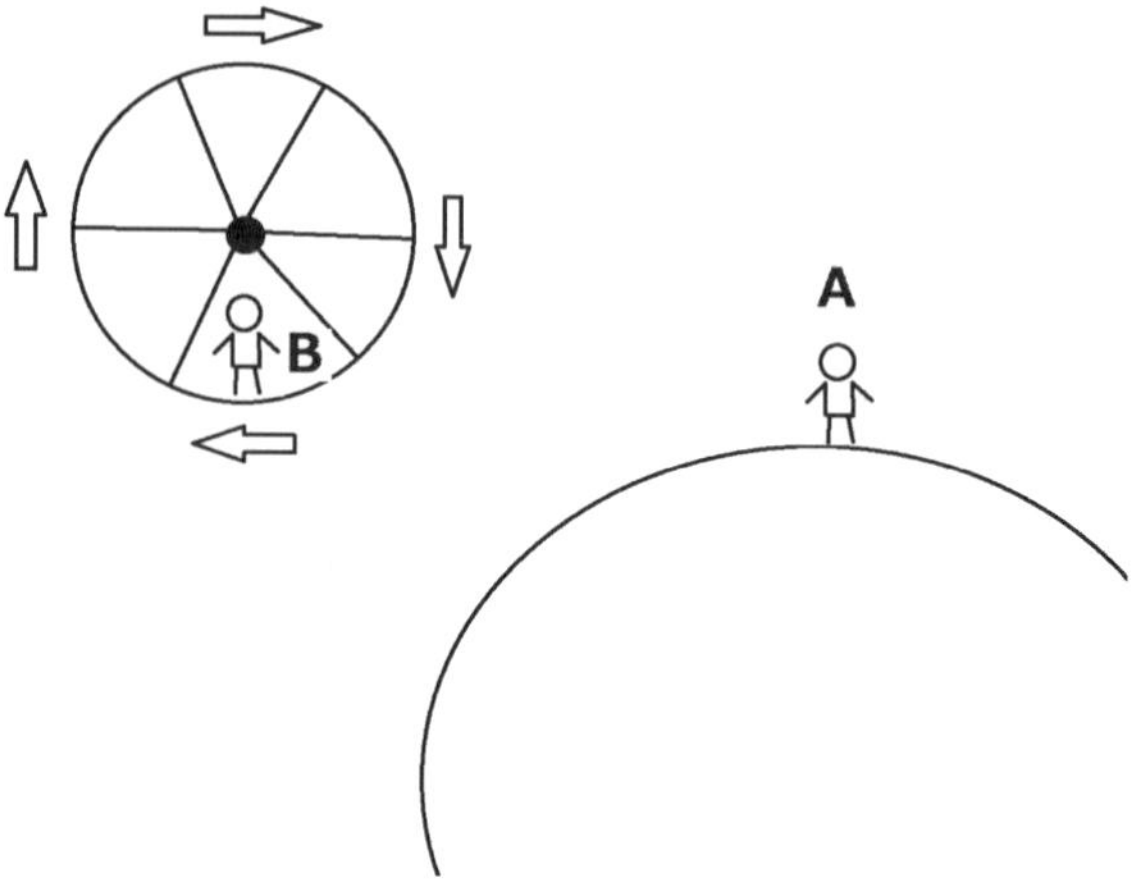

図２−８　どちらも「加速」しているが、惑星上のＡは静止していて、回転する宇宙ステーションにいるＢは動いている？

その一方で、地球上の観測者はＧＰＳ衛星に乗っている観測者に対して、静止しているのは自分だと主張できるという結論を得ました。これは図２—８では惑星上で重力を感じている観測者Ａと同じ状態です。現実にＧＰＳ衛星に生じる特殊相対性理論的な時間の遅れを考える限り、観測者Ａは静止していると主張してよいでしょう。

回転体に乗っている観測者Ｂも、地球上の観測者Ａも加速度を感じながら静止している、つまりは「加速」しているという点ではなんら変わるところがありません。ところがＢが静止しているとはみなされず、Ａが静止しているとみなされるのであれば、ＡとＢが同じ状態にあるとは主張できません。

この矛盾を解消するためには一般相対性理論が導入した等価原理を捨てるしかないように思えます。そして、この両ケースで決定的に異なるのが、重力次元内での両者の動きの違いなのです。

もう一つ例を挙げて考えてみましょう。

この宇宙ではわれわれから見て光速より速いように見える現象が実際に観測されています。ところが特殊相対性理論は光速以下で進んでいる物体がどれだけ加速したところで光速を超える事を禁止していたはずです。ですからこれは相対性理論が崩壊している証拠とも受け取れるのです。しかし、天文学者は慌てず騒がず、次のような説明を用意しています。

この宇宙は膨張している。つまり、空間自体が大きくなっていく。そのためわれわれから見て遠くの物体は「時空に対して静止していて」も「地球から見ると動いているように見える」わけだ。空間が膨張しているからこそ、遠くの恒星や銀河ほど速くわれわれから遠ざかっていくように見えるというハッブルの法則が成り立つ。

そこで、例えば遥か遠く、空間自体がわれわれから光速の半分で遠ざかっているような場所で、われわれから遠ざかるように動く光は「光自体の光速」と、「その空間の速度である１／２光速」を足し合わせた光速の１・５倍という速度で遠ざかるように見えるが、これは特殊相対性理論に違反しているわけではない。なぜなら、これは（表現は不正確かもしれませんが）物体の速度と物体の速度とを足し算しているのではなく、物体の速度と「空間の速度」とを足し算しているからだ。

私はどうもこの説明には、（少なくともこのままでは）違和感を感じるのです。例えば遠くでわれわれから１／２光速で遠ざかっていく空間に観測者をおきます。この観測者は「空間に対して静止している」ため、われわれから１／２光速で遠ざかっているように見えるでしょう。しかし、「空間に対して静止している」ということは、この宇宙上には「静止座標」が存在しているということではないかと思えるのです。これらの静止座標がわれわれに対して持つ速度が、先ほど「空間の速度」と表現したものに該当します。

*註5

地球上の観測者は「加速」しているにもかかわらず、地球の生み出す重力場に対して静止しているからこそ、GPS衛星に対して「自分は静止している」と主張できると結論づけました。「空間に対して静止している」ということは、まさしく時空の歪みに対して静止していることであると考えることができるわけです。これこそが、「静止座標」になります。エーテルと類似していますが、その違いは明らかです。重力場はそれ自体が動的なのです。

地球上にいる私から見て、宇宙の果てで「静止している」観測者が一定の速度を持っているように、「静止座標」同士は互いに静止していないでしょう。つまり、静止座標同士は相対的なのです。しかし、たとえ遠く離れた「静止座標」同士が空間の膨張によって「互いに速度を持っている」ように見えたとしても、時空上のある特定の位置については、「これが静止している」という座標が定義できるはずです。

今、「私の前を光速の半分で通過する物体A」と「宇宙のはるか彼方、

・・・・・・・・・・・・・・・・・・・・・・・・・・・・・

註5：

ただし、これにはもう一つの見方もあるように思います。ある時空上の位置で慣性系が定義されてしまうのではなく、ただ単に光速が定義されるだけだという考え方です。特殊相対性理論ではどのような観測者から見ても光速は一定ですから、ある時空上の点に一つの慣性系が張り付けられる必要はなくなります。こちらの考え方は特殊相対性理論的な観点になるでしょうし、時空の歪みが無視できるような条件下ではこの見方が成立するでしょう。

光速の半分で遠ざかっているように見える空間上で静止している物体B」は、どちらも私から見て同じように光速の半分で移動していても、その運動状態は大きく異なります。

Aはどんなに加速しようとしても、私から見て光速近くまでしか加速できません。また、Aから私に向けてレーザー光線を発すると、このレーザー光線は光速で向かってくるように見えるでしょう。

ところが、Bは私から見て光速の1・5倍近くまで加速できますし、Bから私に向けてレーザー光線を発すると、このレーザー光線は光速の半分で近づいてくるように見えます。なぜなら、それが「Bのいる空間における光速」だからです。本章で議論した、ハッブル・スフィアの外郭上にあるパプリカ星の話を思い起こしてください。

特殊相対性理論の出発点は、「私から見ればあなたが動いている」「あなたから見れば私が動いている」「あなたから見ても私から見ても光は光速で移動する」の三つです。

しかし、上記の説明を受け入れて、もし「私は宇宙のある領域にある空間に対して静止している」と言えるのであれば、その「私」は静止している観測者として、近くの宇宙飛行士に胸を張ってこう言えるでしょう。「私から見ればあなたが動いている」「あなたから見ると私は静止している」「私から見れば光は光速で移動するが、あなたから見ればそうではない」となるのではないでしょうか。

このような「空間に静止した観測者」を想定できるのであれば、全ての観測者にとって光速は一定であるという原則は成立しなくなります。ところが、不思議なことに地球上で観測された光の速度は、ほぼ一定でした。すると、地球は「空間に対して静止」していて、太陽の方が地球の周りを回っているのでしょうか？

しかし、ちょっと待ってください。そもそも、特殊相対性理論が重力場＝重力次元を全く考慮しない世界でしか成立しておらず、重力場＝重力次元が加わる事によって「相対性が崩れる」、つまりは誰が動いていて誰が動いていないのか定義できるようになるとしたら、「空間に対して静止した観測者」という考え方がすんなりと受け入れられるように思うのです。

これはつまり、重力次元上で静止している観測者です。ただし、重力次元に対して同じ（あるいは少なくともほぼ同じ）ポテンシャル上を移動するのであれば、つまり、例えば太陽が生み出す重力場に対して同じポテンシャルの軌道上を周る地球から離れないのであれば、観測される光速が全く等しく（あるいは少なくともほぼ等しく）なったとしても、それほど奇異には感じられません。重力次元を加えた５次元世界では、地球の軌道上の様々な位置が等価とみなせるのではないかということです。

非常に大事な点だと思うので、もう一度まとめ直します。アインシュタインは特殊相対性理論を考えた時、慣性運動を行っている二人の観測者は互いに対して相対的であると考えました。しかし、これが厳密には間違っており、「重力場の影響を受けない任意の二つの時空上の点で生じる物理法則は、互いに対して相対的である」と考えるべきではないかと思えるのです。

まあ、時空上の点が相対的というのも不思議な気はしますが、そこに観測者を配置すれば特殊相対性理論のできあがりです。ただし、空間上を移動している観測者には、たとえその観測者が慣性運動を行っていても、この議論は成立しません。あるいは、「重力場の影響を受けない任意の空間地点について、一つの慣性座標系が設定できる」というような表現が良いかもしれません。物理学者には、「慣性系そのものも一つの場である」という表現法がしっくりするかもしれませんね。

この考え方からしても、ワームホールは考えにくくなります。というのも、この宇宙を観測する限り、少なくともマクロレベルでは、空間の慣性系が連続的に連なるように広がっていると考えられるからです。もし、今仮に宇宙空間上遠く離れている二つの地点をワームホールによって結びつけたとしましょう。本来ならこのワームホールは時空のトンネルとなるはずですが、話を単純化するために空間だけを考えます。すると、トンネルによって結びつけられたこの二つの地点は慣性系の場の中で本来なら連続していないわけですから、ワームホールのどこかに不連続点、あるいは不連続領域が生じます。ワームホールの時空連続体の中に慣性系が極めて急激、あるいは不連続的に変化する領域が生じてしまうのです。

例えば、われわれの世界で本来ハッブル・スフィア上にある恒星（われわれから見て光速で遠ざかっていく空間にある恒星）が、ワームホールによって地球のすぐ近くの空間と結ばれてしまったと仮定してみます。すると、このワームホールの中を通り抜けようとする光は凄まじい勢いで光速の二倍まで加速されるように見えるはずです。同様にこの中を通り抜けようとする物質も、凄まじい勢いで加速されていくように見えるでしょう。外の世界から観測すると、これはある意味、ビッグバンに近い現象のように観測されるかもしれません。

このようなワームホールに生じるであろう「慣性系自体の急激な加速」とでも呼ぶべき現象は、非常に強力なエネルギーを与えるように観測され、そしてまた強い潮汐力を生じさせるでしょう。つまり、ワームホールを通る物体はバラバラに引きちぎられてしまうでしょうし、ワームホール自体が異常なエネルギーを持ち、言わば時空における高エネルギー状態の特異な領域となるわけですから、そのエネルギーを発散しながら蒸発してしまうということも考えられます。

ワームホールがこのような性質をもつと考えられる以上、それが生じることも、そして生じたワームホールが安定して存在し続けることも非常に困難だと思われます。

素朴な疑問、再び

もう一つ言及しておきたい問題があります。それは、これまで議論してきた通り、おそらく重力次元はあくまでも時空そのものではないが、空間に奥行きを与える疑似空間とみなせるということです。重力次元は時空の歪みを可能にします。重力次元は空間に曲率を与えるのです。

ここで時間についてはしばし脇に置いておいて、空間のみを考えてみましょう。重力次元の中で曲がった空間を考えた時に、その空間上の二点が重力の作用にとってはあたかも距離が短くなっているかのように見える可能性があるように思えるのです。

実のところ、伝統的なニュートン力学でイメージすると、宇宙規模で考える時、ある時空上の点にある物質に作用する重力の力は0だと考えることができます。ここではあくまでも大規模な構造を考えているので、宇宙には物質が均質に分布していると考えます。そうすると、宇宙の時空上のどの地点をとってもその周囲を物質が均質に取り囲んでおり、空間上のあらゆる方向に同じだけの重力が作用していると考えられます。これらが釣り合うおかげで、力の合計は0となるわけです。

しかしながら、相対性理論では重力を時空の歪みと考えます。これは重力次元の立場でも同じです。そして、その一つの解釈として、シンプルなニュートン力学的なイメージを用いても、ある時空上の地点に

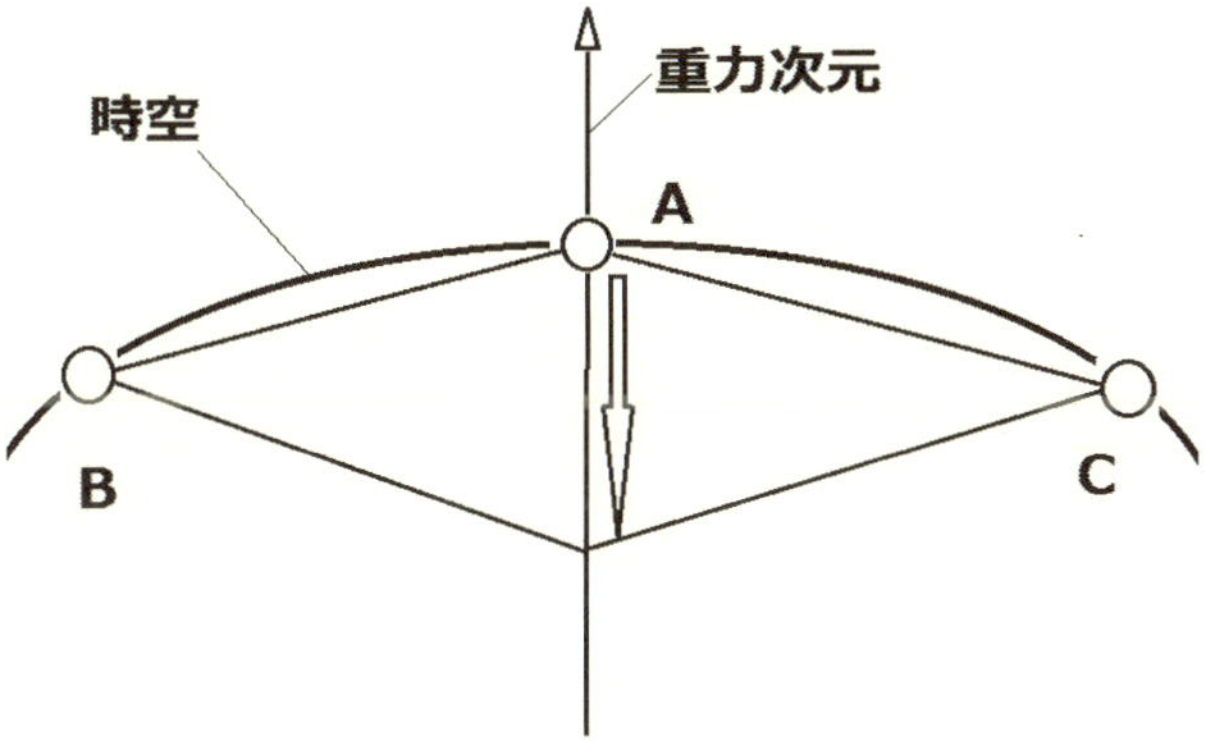

図２−９　仮想的な時空力複合体での力の作用

作用する重力の合計が０ではなくなるようにすることも可能です。

このことを図２―９を使って説明してみましょう。ここでは重力次元を縦方向にとっています。この図で時空は１次元で表現されており、曲率を持つので弧を描くように描いています。

さて、この時空上に物質Ａ、Ｂ、Ｃを等間隔に配置します。ＡＢ間やＡＣ間には重力が作用していますが、ここで実のところこの重力が作用する方向は時空に沿ったものではなく、時空に重力次元を加えた仮想空間内で作用すると仮定してみましょう。つまり、Ａに作用するＢの重力はこの図の中でＡとＢとを直線で結んだ方向に作用するということです。もちろん、ＡＣ間の重力についても同様のことが言えます。

そうすると、Ａに作用する重力の合計を考えてみた時、時空領域内ではつりあって０になりますが、重力次元方向に力が作用していることになります。もちろん、重力次元方向は空間ではないので、Ａが時空を離れてそちらに動くことはできません。しかし、自分が乗っている時空そのものを図２―

9の中で下向きに押し下げるような力が生み出されることになります。

この図の中では、時空の膨脹を重力次元に沿った方向への変化としてとらえることになります。弧を描く時空が外（つまり時空次元で表現されるポテンシャル上で上の方向）に向かって膨脹する様子を考えてみれば、それに伴って時空そのものが膨脹する様子をイメージすることができるでしょう。そして、重力次元に作用する力は時空の膨脹を押しとどめるように作用するわけです。

ただし、この仮定が正しいとすると、時空の歪み方によっては、時空次元に作用する力が逆に時空の膨脹を助けるような方向に作用することも考えられます。例えば、図2―9で時空の歪み方を上下にそっくり反転させてしまうと、重力次元上で作用する力が時空の膨脹を加速するように見えることになります。また、時空の歪みが少ない場合には重力のベクトルと時空が一致しますが、時空の歪みが強くなると、重力のベクトルが時空に対して角度を持つようになります。このため時空の歪みが強くなるほど、われわれの時空で観測される重力の見かけの力が理論的推測値と異なってくることが予想されます。時空の歪みによって離れた二つの地点が「近く」なることによって、重力が強く作用すると考えることもできるでしょう。図2―9でAB間の時空に沿った距離（われわれが実際に観測する距離）よりも、AB間を直線で結んだ距離（重力が作用する距離）の方が短くなるという理屈です。

われわれの銀河系を考えた場合、銀河中央部の巨大な質量の集中により時空が大きく歪んでいることは、一般相対性理論からの帰結として認められます。つまり、重力次元が大きくなります。そうなると、銀河系の辺境にある恒星がわれわれの時空での見かけの距離（つまりは空間上の距離）以上に銀河の中心に「近い」ことになり、それが結果として銀河系を構成する恒星の速度に影響を与えているという説明が可能になります。

現在の天文学では、銀河の回転曲線問題を生み出す理由としてダークマターを想定しています。この説にとっておそらく最大の問題点は、太陽系周辺で当然見つかっていてよいはずのダークマターがまったく見つからないということでしょう。太陽系は銀河の中心部から2万6千光年ほど離れた場所にありますが、この辺りにもダークマターは豊富に分布していてよいはずです。

もちろん、通常の物質は恒星や惑星等を構成しますから、宇宙空間に不均一に分布しています。これと対照的に、相互作用を（少なくともほとんど）しないと考えられるダークマターは空間に広く薄く分布していると考えられます。ですから、いかに通常の物質の四倍以上存在しているはずだとはいっても、宇宙空間におけるダークマターの密度は非常に低いことが予想されます。

しかしながら、現実にはそれでもまだダークマターが少なすぎるようなのです。太陽系周辺の恒星を観測した結果からは、太陽系の周囲にはダークマターがほとんど存在していないようだと解釈されています。

この観測結果を従来のダークマター説で説明するためには、銀河系内でのダークマターの分布が不均一で、現在太陽系はたまたまダークマターが分布していない領域を通過しているというような仮定が必要になります。しかし、銀河内部でダークマターがある種の構造を持っており、太陽系がそういったダークマターの構造を出たり入ったりしていると考えると、それはあたかも太陽系の重力定数が一定せず変動しているように見えるのではないかと思われます。そうなると、果たして太陽系が長期間安定していられるのだろうかと、今度はそんな疑問が頭をよぎります。

これに対して、銀河の回転曲線問題を重力次元に帰する場合、重力次元によって銀河周縁部の見かけの重力定数が変化するように見える効果は重力次元の大きさに依存すると考えられます。つまり、例えば太陽系の付近といったような比較的重力勾配の少ない領域では重力定数が一定となり、実際の観測値がニュートン力学から予測される値と大きく異ならないことも不思議ではないでしょう。

重力以外の浦島効果

さて、ここまで空間（時空）と重力場を中心に考えてきましたが、この議論は重力だけにとどまりません。

「次元を増やそう（129ページ前後の議論）」で考えたように、電磁気力、強い相互作用など、他の力が重力場と同じように「次元」とみなせるのであれば、重力同様に観測者相互の相対性に制限を加えている可能性があります。具体的には、例えば強い電磁気力を受けているとき、電子等の荷電粒子が相対論的な振る舞いをするという可能性です。そのような場合に電子の時間がゆっくりと流れ、その寿命が長くなるということはないのでしょうか。そして、その粒子が持っている電荷の大きさによって、粒子間の相対性が崩れてしまうということはないのでしょうか。

残念ながら、筆者はまだ電磁気的な相対論的効果により、粒子の寿命が延びたといったような観測事実を耳にしたことはありません。現実問題として電磁気力は重力と異なり、非常に強い力を生み出すほど収束させることが困難なので、このような相対論的効果が観測されていないだけだということも考えられます。重力には引力しかありません。物質同士は必ず引き合うので、多少無理をすればブラックホールのようなものができてしまいます。しかし、例えば電場にはプラスの電荷とマイナスの電荷があり、マイナスの電荷同士は反発し合います。ですからマイナスの電荷だけを集めて一点に集中させ、電場のブラックホールを作るということが困難なのです。つまり、惑星レベルの超強力なコンデンサーを作ることは非常に困難だし、また現実に発見されていないということです。電気的に中性な中性子星は存在しても、プラスの電荷を帯びた陽子星やマイナスの電荷を帯びた電子星については聞いたことがありません。同じことは磁場についても言えますから、電磁気力をによってブラックホールのようなものを作ることは、非現実的です。

しかし、そもそも電磁気力が重力と同じような相対論的効果を生み出すことはできないのかもしれないという可能性も否定できません。ということはつまり、この章で論じてきたことは、所詮、ただの机上の空論だったのでしょうか。そうだとすると、ちょっと悲しいですね。しかし、電磁気が弱すぎるのなら、強い相互作用はどうでしょう？

例えば、中性子は陽子と一緒になって原子核を構成します。ところが、この中性子は原子核の中では比較的安定していますが、原子核を離れて単独で存在していると寿命が縮まるという現象があります。ひょっとすると、これは話が逆で、中性子の寿命は本来短いのかもしれません。しかし、ちょうど強い重力場の中で時間の進み方が遅くなるように、原子核にとらえられた中性子の時計が、陽子や中性子といった核子を結びつけている相互作用の影響でゆっくり進むことになり、その結果として原子核の中では中性子の寿命が延びているように見えるということなのかもしれません。

同様に、クォークが陽子や中性子といった粒子の内部から決して顔をのぞかせないということは、ひょっとするとクォークの寿命が想像を絶するほど極端に短く、強い相互作用の外では一瞬にして崩壊してしまうということ、逆に言えばクォークを崩壊させずに陽子や中性子の中から取り出すことができないということなのかもしれません。もちろん、クォーク同士は非常に強い力で結びついているので、その強い力に対抗して陽子の外にクォークを持ってくることが困難であるというよく見かける理屈自体は理解できます。しかし、この説明はなぜ自由なクォークが存在しないのかということをきちんと説明していないように思われます。例えば粒子と反粒子とを加速器でぶつけ、瞬間的に消滅させた後、強い力から解き放たれた自由クォークが生じることがないのはなぜなのでしょうか。

しかし、クォークを長期間安定化させるためには、強力な力＝次元の作用でその時計の進みを妨害するしかないのであれば、それも納得できるように思えるのです（ただし、先ほど時空に一定の不確定性を想定してしまったので、時計の進み方自体が位置の不確定性と相関します）。クォークをバラバラにするほどのエネルギーを与えたとしても、そもそもクォークが強い相互作用を受けなければ存在できないのであれば、そのエネルギーを利用してクォークが安定するようにクォークのペアを生じさせる（つまりクォークが強い相互作用に守られる）ような反応だけが残り、結果としてクォークはいつもより大きな構造の中に捕われているように観測されることでしょう。これを外の世界から観測していると、クォーク同士を引き離そうとしても非常に強力な力がそれを押し止めるように作用し、クォークにあてがわれる新たなペア粒子が作り出せるだけのエネルギーを注ぎ込んだ時だけ、粒子は崩壊し、新たにクォークのペアが形成されるという現象が観測されるわけです。

さらに付け加えるならば、力の次元は物体のエネルギー状態によって伸縮することが予測されます。例えば、ある重力場をよぎる物体の動きを見ると、速度が速いほどその重力場から受ける影響が少なくなることがわかります。つまり、これを相対論的に解釈すると、ある重力場に対してより大きな速度（あるいは単位質量あたりのエネルギー量と言っても良いでしょう）を持つ物体には、その重力場による空間の歪みが小さくなっているように見えるということです。これは重力次元が収縮してしまうことに相当します。物体が非常に高速になると時空が歪むとされていますが、どうやら時空だけではなくて力の次元も影響を受けるようです。

これを拡張して考えてみると、より高エネルギー状態にある電子には電磁気力次元が縮小し、電磁気力が弱く作用するように見えるでしょうし、クォークだって強い相互作用の影響を受けにくくなるように観測されることでしょう。もちろん、速度が上がれば、その分相対論的な時間の遅れが生じますから、クォークが極めて高いエネルギー状態にある時には、カラーチャージから解放された自由クォークが観測されるということもあり得ることではないかと思えてきます。

ここまでの議論は実のところ、ブレーン宇宙と非常に似た考え方になると思います。ブレーン宇宙は、４次元以上の空間（時間も入れれば５次元の時空）を想定し、その中に４次元の時空が膜のように浮いているると考えるものです。われわれが知る粒子の多くはこの４次元の時空に張り付いているために、われわれには４次元の時空しか観測できないとされています。この４次元の空間を「３次元の空間＋重力次元」と置き換えたものが本書で議論してきた立場になります。

しかしながら、ブレーン宇宙で想定されていたように、異なるブレーン宇宙がわれわれの宇宙のすぐそばにあるかもしれないという考え方はできません。重力次元はあくまでもわれわれの宇宙にある物質が生み出した余剰次元ですし、仮に質量がなければ、そもそも存在しないはずの次元です。ですから、ダークマターは、それが時空の歪みによってもたらされるものであったとしても、あるいは「見えない物質」であったとしても、われわれの宇宙そのものが生み出している現象です。

また、同様に規模としては遥かに小さくはなりますが、電磁気力等他の力にもそれぞれの次元を考えています。これらの力もまた重力次元と同様の次元を生み出し、時空を歪めてしまうだろうというわけです。

別れ話のもつれは怖い

さあ、ここまで議論が展開してしまうと、虚数時間やら虚数質量やらを気軽に持ち出し、「異なる数学体系があれば」なんてうそぶくかと思えば高エネルギー状態での自由クォークまで持ち出すなんて、まったく無責任きわまりないと思う読者が増えてくるかもしれません。

しかしながら、このような議論を振りかざせるのも、筆者が数学や物理学の専門家ではないからなのかもしれません。新しい考え方をもてあそんで失敗したところで、せいぜい「素人ががんばってみたけど、所詮は空振りに終わったね」と笑われるだけですみます。これと同じことを専門家がやったら、「あいつ、研究のし過ぎでとうとう頭のねじが緩んでしまったみたいだね」と言われてしまうかもしれません。

そういうわけで皆さん、素人は素人なりに気楽に議論を楽しみましょう。これはある意味、素人に許された特権的な楽しみなのでしょうから。

最後にもう一つだけ思考実験を披露しておきましょう。これも双子のパラドックスを改良したものですが、今度は二人ではなく三人必要なので、三つ子に登場してもらいましょう。この三人をA、B、Cと名付けておきます。今、重力場のない平坦な宇宙空間でAとBがすれ違いました。仮にその相対速度を光速の半分としておきましょう。AもBも、共に加速はしていないので、相対性理論によればどちらも「自分は静止していると」主張する権利を持っています。ここでCが登場しますが、Cは最初Aと一緒に「静止」しています。ところが、AとCの脇をBがすれ違った瞬間、CはBの後を追って加速するのです。実はAとCは別れ話をしているカップルで、CがAに愛想を尽かし、Bに乗り換えることにしたのかもしれません。いや、ひょっとすると、ただ単にBがイケメンだったのかもしれませんね。とにかく、Cの加速は凄まじく、ぐんぐんスピードを上げてBを追いかけます。ずっと加速を続けていけば、そのうちBに追いつき、そして追い抜くことでしょう（いやいや、たぶん急減速してBと並んで飛んでいくような気がします！）。

この瞬間が問題なのです。AとCを比較した時、Cは「静止した観測者」であることを主張できませんから、CはAが静止していて、動いているのが自分であるということ、そしてまた、相対論的効果を受けるのは自分であると明言できます。つまり、AとCだけを考えるならば、Cは「時計がゆっくり回るのは自分の方だ」と確実に言えるわけですし、どの瞬間にAの時計でどのくらいの時間が経過しているかを計算できるはずです。この計算結果にはAもCも同意せざるを得ません。AとCに関して言えば、二人の間で時間がどのように進むのか、両者の意見は完全に一致するはずなのです。しかもやがてCはBを追い抜く（あるいは追いつく）ことになります。この瞬間、CはBの時計でどのくらいの時間が経過しているかを知ることもできます。そうなると、Cはその瞬間にAとBのどちらがどのくらい老化しているのか知り得る立場におかれてしまうように思います。AとBは互いに相対性を主張し合える立場にありますが、C

という第三者がこの論争に終止符をうってしまうように思われるのです。

さあ、このパラドックスはどう考えたらよいのでしょう。皆さんも一緒に考えてみてください。

おわりに

論文の盗用や同一論文の使い回し、あるいはデータのねつ造など、様々な問題が学問の世界で発生しています。これら学問の世界における不正行為は決して許されるべき問題ではありません。しかし、「学問は役に立つものでなければならない」という合意がいつしか形成され、研究者が自分の成果をこれでもかと見せつけることを余儀なくされている今日では、この問題は決してなくならないのではないかと思うのです。

そもそも、研究が「役に立つ」のは結果論であって、必ずしも「役に立つ」ことを目的として研究をする必要はないのではないかと思います。特に「科学」について考えてみるならば、たしかに今日のわれわれの生活は「科学」なくして成立しませんし、「科学」は非常に有用なものであることがわかっているわけですが、「科学」の本質が何かと問われれば、それは「好奇心」だと筆者は思うのです。

考えてみれば、われわれはホモ・サピエンスとしてこの地球上を歩き回るようになってから、二十万年ほどの永きにわたって、様々な物事に対して様々な説明をしてきたのでしょう。あるいはそれ以前から、様々な説明を求め続けてきたのかもしれません。満天の星空を見上げながら様々な伝説をこしらえました。もちろん、現代社会ではオリオンがサソリに刺されて死に、そのせいで天空に上がってもサソリから逃げ続けているという説明を「科学」として真剣に取り上げようとする人はあまりいないでしょうし、「干支に加えてもらいたいネズミが猫を騙し、猫はその事を今でも恨みに思っている」ということを信じる人もいないでしょう。ですが、このような説明を考えた人に対して、わたしはとても強い共感を感じます。

なぜ猫はネズミを追いかけるのだろう？　なぜオリオン座はサソリ座が上がってくると地平線の陰に隠れてしまうのだろう？　なぜ水は高いところから低いところへと流れるのだろう？　なぜ種子は春になると芽を出すのだろう？　春になると鼻や目がかゆくなるのはなぜなのだろうか？

こういった疑問が、そして、何よりもそれに対して誠実に答えようとする努力が、今日のわれわれが依存している様々な技術やその背景にある「科学」という名の知識体系を築き上げてきたのだと言っても過言ではないでしょう。科学を美辞麗句で飾り立てるのも結構ですが、その本質はやはり、好奇心だと思うのです。その好奇心を活用して現実を逸脱した架空の世界を築き上げ、ハリー・ポッターのような小説を楽しむ事も大いに結構だと思います。それはわれわれがまだ見ぬ世界に対して持っている好奇心の表れでしかないのですから。要は、それが現実ではないということを見失いさえしなければよいのです。

このような好奇心は人類にとって、とても素晴らしい宝ではないかと筆者は思っています。この二百年ほどで人類の知識は信じられないほど増えました。その知識体系は燦然と輝き、われわれは椅子に腰掛けたまま、百億光年以上離れた場所で生じている出来事について思いを巡らすことができます。しかし、その輝かしい業績ですら、われわれの持つ好奇心の前では霞んで見えます。確かにわれわれの知識体系は素晴らしいのですが、本当に価値があるのはわれわれの知識体系が「拡充を続けている」ということであって、それが「ここまで到達した」ということではないのです。なぜなら、「ここまで到達した」とはいっても、まだその向こうには膨大な闇が広がっているのですから。

ファインマンが言ったとされる街灯のたとえを紹介しましたが、まさに、現代科学というのは暗闇に沈んでいる膨大な知識体系の中で、そこだけ明かりに照らされている場所のようなものでしょう。ですが、一定の領域を照らすことができたからと言って、既に明かりが灯っている場所に満足してはいけません。そしてまた、われわれが「明かりがともっている」と考えているものが、実は錯覚にすぎなかったということがあり得るということも、常に忘れずにいたいものです。明かりの灯っている範囲を少しでも広げようとすると同時に、われわれが既に明るくなっていると思っている場所が、本当に明るいのかどうかをも再検討する。それこそが科学のあるべき姿だと思いますし、それを可能にするべくわれわれが手中にしている最大の武器こそ、好奇心だと思うのです。

ですから、私は人々の持つ「素朴な疑問」はとても大事なものだと思います。たしかに、難解な数学によって記されている現代物理学をわれわれ素人に説明することはとても困難なことでしょう。しかし、既にある知識を吟味し直したり、様々な方法で解説することは新たな知識を切り開いていくことと同じくらい重要なことだと思いますし、われわれ素人の方でも「どうせそんなのわからないし」と背を向けるのではなく、できるだけ理解しようと努めるべきではないかと思うのです。わからないことはどんどん質問していいと思いますし、時には本書で何度も繰り返して主張しているように、プロの考え方にあえて抵抗してみるのも悪くはないと思います。

ただ、その時に一つだけ約束事を忘れないでほしいのです。それは現代科学がとてつもない苦労と試行錯誤、そして無数の天才的なひらめきによって彩られていることもまた忘れてはいけないということです。現代科学とわれわれの素朴な論理が衝突したとき、まず間違いなく、勝利するのは現代科学の方でしょう。ほうら、私だって第一章で「科学」を定義することは困難だと言っておきながら、その舌の根も乾かないうちに気軽に「現代科学」などと書いていますよね。

しかし、いかに現代科学が巨大で緻密な構造物であったとしても、私は現代科学を絶対視したり、あるいはもっとひどいことに神聖視したりすることには反対です。ところが残念なことにそのような人々は往々にして見かけますし、そしてまた「優秀な科学者」と目されている人の中にすらそのような言動を見かけます。それはこの素晴らしい世界にちりばめられた驚きに目を向けることではなく、逆に自分には何もかも分かっていると思い上がり、これらの驚きから目を背けることでしかないと思えるのです。

逆に、現代科学に挑戦すること自体はよいとしても、さしたる根拠もなく自分の考えの方が優れていると思い上がることも避けるべきでしょう。それは、自分の考えを絶対化するという、「現代科学を絶対視する人々」と同じ過ちを全く逆の立場から犯しているだけでなく、現代科学が築かれるまでの過程に対する冒涜でもあります。

本書はそんな立場から、思いつくままに書き進めました。そして、本書では、科学哲学や物理学について、あえて挑戦的な内容でまとめていきました。今日、第一線で物理学や科学哲学を担うプロの方々は、これを「はた迷惑な議論」と受け取るかもしれませんが、是非そうではなく、「こんな見方もできるのか」という興味本位で見ていただきたいのです。

残念ながら、「研究は研究職についている学者たちが担当するもので、一般社会はその結果を受け取るだけ」という図式が広く浸透しているように思いますが、私はこれに何か満足できないものを感じています。たしかに、ある理論、あるいは化石など発見されたものがどのような意味を持つのか検討する役割、つまり仮説を検証する役割は、学者たちが担うべきものだと思います。例えば「一般市民が化石を発掘し、それを学者の元に持ち込む」といったような研究のあり方がもっと幅広く浸透してよいはずです。

これをもう少し拡張するならば、様々なアイディアを一般市民がどんどん出してくれて、研究者が専門的立場からそれを吟味していくというような研究スタイルになります。しかし、そのためには科学の基礎的な知識が幅広く社会に浸透しなければならないと思いますし、科学者も面倒くさがらずに、社会に向けて丁寧な解説をしていかなければなりません。

こう考えてくると、行政府に様々な科学的な疑問に答える機関があっても良いのではないかと思えるのです。それに近いことをしているのは文部科学省ですが、文部科学省は大学の教員や研究所の職員といったプロの研究員たちの支援や、教育機関の充実に労力をさいており、一般市民に対する支援という意味ではあまり十分な施策が実施できていないように思います。NHKなども一般向けの番組を数多く制作するという形で頑張ってはいるのですが、やはり、一般社会の疑問点を取り上げるというよりは、科学知識を分かりやすく解説するという方向性が強く現れています。つまり、研究者から一般市民へという知識の一方向的な流れが確立しており、なかなか双方向的な対話は実現できていないのではないかと思うのです。大学の公開講座もこれに近いことが行われていますが、やはり単発的で体系的な知識を社会に広める上では無理がありますし、ましてや社会の中から生まれてくる様々なアイディアを拾い上げて吟味するというようなことはできていません。

より理想的な姿を追求するならば、インターネット上にある、Q&A形式の様々な掲示板などがこれにあたるでしょう。しかし、残念ながら一般的に回答者の質が低く、信頼性の高い回答にはなかなかお目にかかれません。それどころか、インターネット上の掲示板では、最初のうちは冷静に議論していたつもりが、いつの間にやらあられもない誹謗中傷合戦に発展するケースがしばしば見受けられます。また、研究者の間でもこういった質問コーナーはどちらかと言うとネットオタクが交流する場というイメージでとらえられ、知的探求における有用な資源とみなされることはあまりないように思うのです。やはり、質問に対しては回答ではなく解答が寄せ得られるべきでしょうし、解答については専門知識を持った専門家に委ねるべきです。

例えば、文部科学省が人々の様々な科学に関する質問に答えるコーナーを作り、博士号を取得しながらまだ就職先のないポスドクと呼ばれる人々を雇用して、それらの質問に答えてもらったらどうでしょうか。こういったポスドクの中から、やがて将来大学で教える人々も出てくることでしょう。それを見越して、このような質問コーナーで人々の質問に答える経験を積むことで、人々がどのような問題に関心を持っているのか、そしてまたどのように説明すればわかってもらえるのかなど、将来大学教員となる際に必要な様々な知識やスキルを身につけることができます。

つまり、これはポスドクにとって身分の安定につながるだけでなく、将来就職の選択肢となる大学にとっても非常に有益な、訓練の場となるのではないかと思います。さらに社会によりいっそう正確な知識が広がり、自分がなぜ勉強しているのか、自分が学習している内容が将来どのように役に立つのかまったくイメージできない中学生や高校生にとっても、胸がときめく最先端の科学に触れる良い機会になると思います。これは専門家と非専門家が交流する場であるべきです。そして、このようなやり取りの中で、ある特定の領域に興味を持ち、さらにもっと深めたいと思う社会人の方が出てきたら、是非大学の公開講座に参加するなどして知識を深めていただきたいと思うのです。

掲示板だけではなく、これら高度な知識を身につけているポスドクが、ウィキペディアなどの編集にも携わることができれば、日本語版ウィキペディアの質も高まるでしょう。なにかわからないことが出てきた時に、ウィキペディアで調べようとする人は多いと思います。ところが、日本語版ウィキペディアを見ていると、どうも一般に英語版ウィキペディアよりも質が低いだけでなく、中には英語版ウィキペディアの内容をそのまま翻訳ソフトで日本語に変換したのではないかと思えるような、不自然な日本語で書かれたものまであります。

一昔前までは、宮崎駿氏が製作したアニメのように万人に愛されるアニメを除き、アニメもオタクという特殊な人々が集う領域とされていましたが、今日では徐々に市民権を得て、逆に「クールジャパン」などともてはやされるようになってきました。

同じように、様々な人々がインターネットという便利なツールを利用して科学について日常的に議論できるような、ただし、インターネットの掲示板などで散見するような信頼性に乏しい情報が氾濫するようなものではなく、正しい知識に裏打ちされた人によって統括され、自由な議論が行われる、そんな風土が日本全国で醸成されたら、あるいは理系進学率も上昇するかもしれません。そうなれば、科学技術立国としての我が国の復興が可能になってくるのではないだろうかという期待もふくらみます。

そのようなことを切に願いつつ、筆を置きたいと思います。

参考資料

本書を書き進める上で、様々な文献を参考にさせて頂きましたが、その上で代表的なものを挙げておきます。また、シロナガスクジラやアメリカクロクマなどについて調べる上では、参考文献4のような論文も参考にしましたが、参考ウェブサイトのほうが解説がわかりやすいと思いますので挙げておきます。

第一章

参考文献

1．スティーブン・ジェイ・グールド著　狩野秀之訳　『神と科学は共存できるか』　２００７年　日経ＢＰ社

2．ジョナサン・マークス著　長野敬、赤松真紀訳　『９８％チンパンジー　分子生物学から見た現代遺伝学』　２００４年　青土社

3．伊勢田哲治著　『疑似科学と科学の哲学』　２００２年　名古屋大学出版会

4．Kenneth G. Johnson and Michael R. Pelton. 1980. *Environmental Relationships and the Denning Period of Black Bears in Tennessee.* Journal of Mammalogy Vol.61, No.4.

参考ウェブサイト

1．http://en.wikipedia.org/wiki/Blue_whale
（シロナガスクジラについての情報・２０１４年８月１日参照）

2．http://www.ncwildlife.org/Learning/Species/Mammals/BlackBear/BlackBearHibernation.aspx
（アメリカクロクマの冬眠についての情報・２０１４年８月４日参照）

第二章

参考文献

1．Ａ・コンヌ、Ｓ・マジッド、Ｒ・ペンローズ、Ｊ・ポーキングホーン、Ａ・テイラー著　『時間とは何か、空間とは何か　数学者・物理学者・哲学者が語る』　２０１３年　伊藤雄二監訳　岩波書店

2．ブルース・シューム著　『「標準模型」の宇宙』　２０１２年　森弘之訳　日経ＢＰ社

3．大栗博司著　『重力とは何か　アインシュタインから超弦理論へ』　２０１２年　幻冬舎

4．大栗博司著　『強い力と弱い力　ヒッグス粒子が宇宙にかけた魔法を解く』　２０１３年　幻冬舎

[著者紹介]
山本　明歩（やまもと・あきほ）

1970年東京都に生まれる。国際基督教大学で物理を学んだ後、文化人類学、考古学の世界に転じる。科学一般への尽きることのない興味に突き動かされ、様々な学問領域に関心を寄せている。現職は国立高知工業高等専門学校 准教授。

科学の岸辺

2016年1月25日　初版発行

著　者　山本　明歩

発　行　ふくろう出版
〒700-0035　岡山市北区高柳西町1-23
友野印刷ビル
TEL：086-255-2181
FAX：086-255-6324
http://www.296.jp
e-mail：info@296.jp
振替　01310-8-95147

印刷・製本　友野印刷株式会社
ISBN978-4-86186-665-4 C0040